四季观图鉴

赵玲 主编

U0231174

化学工业出版社

·北京·

图书在版编目（CIP）数据

四季观花图鉴／赵玲主编． —北京：化学工业出版社，2016.4
ISBN 978-7-122-26374-2

Ⅰ．①四… Ⅱ．①赵… Ⅲ．①花卉－观赏园艺－指南 Ⅳ．① S68-62

中国版本图书馆 CIP 数据核字（2016）第 046928 号

责任编辑：傅四周　　　　　　　　　装帧设计：王晓宇
责任校对：王素芹

出版发行：化学工业出版社
　　　　　（北京市东城区青年湖南街 13 号　邮政编码 100011）
印　　装：北京彩云龙印刷有限公司
880mm×1230mm　1/32　印张 7¼　字数 250 千字
2016 年 5 月北京第 1 版第 1 次印刷

购书咨询：010-64518888（传真：010-64519686）
售后服务：010-64518899
网　　址：http://www.cip.com.cn
凡购买本书，如有缺损质量问题，本社销售中心负责调换。

定　　价：35.00 元

前言
PREFACE

　　观察自然是一种乐趣，哪怕是身边人工种植的花花草草，哪怕是觉得已经十分熟悉的植物，认真去探索，也能发现很多不曾注意过的细节。观察植物，并不一定要去采摘挖掘，落花、落叶、落果乃至园林部门修剪下的部分，都是很好的可深入探究的素材。

　　从很久之前我就思考，如何去记录观察到的植物的细节。图片是最直观的展现，文字也不可缺少，毕竟诸如气味之类的从图片中是无法感受的。在这十年的拍摄里不断地积累素材，一部分汇集到了博客。然而，当要把想法变成白纸黑字，还真是个艰难的过程。

　　首先是种类的选择上，如何选择出最为常见的100种花卉。考虑到地域的广阔，《四季观花图鉴》主要收录我国南北方城市公园和路边的常见花卉品种。

　　花期方面，原则上以主要分布或栽培区域的自然花期为参考，尽可能选择较多区域能观赏的时段来安排所在月份。大部分花卉以武汉、上海等长江流域地区为主要依据，花期大多可以吻合，昆明等西南地区、北京等北方地区则有少部分可能提前或推迟。少数温室花卉或热带花卉则以广州为参考，可能适当分配到品种较少的月份中。

　　再就是在辨识植物的特征上，怎么去直观地展示和描述，在写的过程里一直在不断思考。图片上尽可能把特征和细节放大，文字描述则尽可能简化，也尽可能不使用艰涩的术语，而常用的部分术语，则在文中稍加解释帮助理解。园艺上，很多植物都有人为选育出的斑叶、彩叶、重瓣等品种，涉及这类在叶色上的变化、花瓣形态的变异、雌雄蕊的倍增等情况，在描述中不再特别说明。总而言之，要一眼就认出来常见园艺植物，还是需要时间和经验的累积，更需要细致认真的观察。

植物分类系统中，科、属、种的范畴也随着科技发展而发生变化。本书的科属参照了2009年出版的APG Ⅲ系统，因而跟20世纪60年代编撰的《中国植物志》上有不少差异。

在植物分类系统中，一个物种通常对应一个确定的拉丁名称（即学名，在国际上通用）。例如，鹤望兰的学名是 *Strelitzia reginae*，学名中第一个词是这个物种所在的属的属名，第二个词称为种加词。完整的拉丁名称中，种加词之后还会有命名者的拉丁文，不过一般性的使用中经常会被省略。某些情况下，一个物种对应的学名也有可能改变，例如分类研究的结果使得属或种的范围发生变化。

物种的中文名称，有些是根据历史沿用的，有些可能是得到广泛认同的，这些通常会被当成比较正式的中文名称，但不能称为学名，其他的中文名称则作为别名、俗名。植物的中文名称经常有同名不同物、一物多名的情况。毕竟，中文的博大精深，大家都深有体会，例如荷花、菡萏、芙蕖、莲花、芙蓉都可以是莲（*Nelumbo nucifera*）这一个物种。再如一些地方性的用名或者方言中的用语，其他人多半难以理解，如果再加上误用、乱用的情况，恐怕就让人陷入不知所云的窘境了。为了准确表述物种，还是建议大家认识一下对应的拉丁名（本书附录）。

书中厚萼凌霄、日本海棠、亚洲百合、六倍利、大花铁线莲、风铃草的部分图片由冯鋆、吴帅来两位提供，特此致谢！

主　编
2016年2月

目录
CONTENTS

一月

一品红
Euphorbia pulcherrima

科属：大戟科大戟属

别名：猩猩木、老来娇、圣诞红

花期：10月~翌年4月

一月

来自于中美洲，在冬季的萧瑟寂寥里妆点出一片火红，"一品红"或者"圣诞红"的名字，也算名副其实。喜庆的色彩，相当持久的观赏期，园艺上培育了不少矮化的品种供给市场所需。

除了植株顶端那些耀眼的苞叶，大戟花序也是个特别之处。大戟花序，即特化的杯状聚伞花序，为大戟属植物独有，花序由1朵雌花居中，周围环绕以数朵雄花，共同生于一个杯状总苞内而组成。在大戟花序中，雄花、雌花的花被大多已经"被省略"，例如一枚雄蕊就是一朵雄花。

需要注意的是，大戟科植物大多具有白色乳汁，可能导致中毒或者过敏，在不确定的情况下，千万不要随意食用或者接触伤口！

🔼直立灌木，单叶互生，长6～25厘米，宽4～10厘米，边缘全缘或浅裂，叶柄长2～5厘米。

🔼苞叶显著（主要观赏部位），全缘，通常红色（栽培品种有黄白色、复色等）。

🔽多歧聚伞花序生于枝顶；总苞坛状，淡绿色；腺体常1枚，黄色，呈两唇状；雄花多数，雌花1枚。

雌蕊的柱头　　总苞　　腺体

子房

雄蕊

梅

Prunus mume

科属：蔷薇科李属

别名：梅花、春梅、干枝梅、酸梅、青梅

花期：1 ~ 3月

一月

    梅花，我国传统名花之一。常在春寒料峭时开放，免不得与霜雪遭遇，所以有傲雪斗霜之名，也因此让文人墨客青睐有加，吟诗作赋乃至挥毫丹青，以此自比风骨高洁。当然，梅花的栽培品种不仅限于观花，也有不少的果用品种。

山园小梅
[宋]林逋
众芳摇落独暄妍，占尽风情向小园。
疏影横斜水清浅，暗香浮动月黄昏。
霜禽欲下先偷眼，粉蝶如知合断魂。
幸有微吟可相狎，不须檀板共金樽。

白梅
[元]王冕
冰雪林中著此身，不同桃李混芳尘。
忽然一夜清香发，散作乾坤万里春。

梅花
[宋]梅尧臣
似畏群芳妒，先春发故林。
曾无莺蝶恋，空被雪霜侵。
不道东风远，应悲上苑深。
南枝已零落，羌笛寄余音。

⬆落叶小乔木，一年生枝绿色，光滑无毛；单叶互生，卵形或椭圆形，先端尾尖，基部宽楔形至圆形，叶缘常具锐锯齿，叶柄长1～2厘米，常有腺体。

⬆花先于叶开放，通常单生，花梗短，长约1～3毫米，花萼通常红褐色，萼片卵形或近圆形，先端圆钝。

子房

⬆花直径2～2.5厘米，香味浓，花瓣5或重瓣，倒卵形，白色至粉红色；雄蕊多数，短或稍长于花瓣。

⬆子房密被柔毛，花柱短或稍长于雄蕊。

非洲菊
Gerbera jamesonii

科属：菊科大丁草属

别名：扶郎花

花期：11月~翌年4月

一月

　　菊科植物数以万计，不乏如非洲菊这样美丽的花朵可供观赏。不过，你知道吗？我们平时所说的一朵花，对于菊科植物而言，并不真的只有一朵花。准确说来，其实应该是一个头状花序，里面包含的花往往数十朵乃至上百朵。许多小花密集地排列在或大或小的花托上，跟头发的排列方式颇为相似，称之为头状花序应该挺形象的。

　　根据外观和结构上的差异，菊科头状花序上的小花通常被分为舌状花和管状花两种，但并非所有的菊科植物的花序中都存在这两种小花，有些只包含其中一种。舌状花的舌片，即我们惯常认识中的花瓣。相对于舌状花，管状花则比较低调，需要借助放大镜之类的工具辅助，才能好好看个清楚呢。

🔼 花葶单生，被毛，头状花序单生于花葶顶端，花大，直径6～10厘米；总苞钟形，总苞片2层，外层线形或钻形，顶端尖，内层长圆状披针形，顶端尾尖。

🔼 多年生草本，被毛；叶基生，莲座状，长椭圆形至长圆形，长10～14厘米，宽5～6厘米，基部渐狭，边缘不规则羽状浅裂或深裂，叶柄具粗纵棱。

花柱

舌片

🔼 舌状花白色、黄色、粉色、橙红色、紫红色、红色等，舌片长圆形，顶端具3齿，花柱柱头浅2裂。

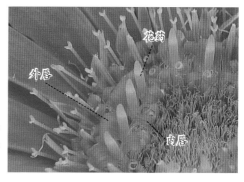

花药

外唇

内唇

中央两性花多数，管状二唇形，长8～9毫米，外唇大，具3齿，内唇2深裂，卷曲。

长寿花
Kalanchoe blossfeldiana

科属：景天科伽蓝菜属

别名：矮生伽蓝菜

花期：1 ~ 4月

一月

　　长寿花大概是最受欢迎的景天科植物，近年来备受追捧的多肉植物很多也是景天科。说到景天科的花朵结构，就不得不提到一个词——心皮。

　　心皮是构成雌蕊的基本单位，一朵花中可能有一个或多个心皮。例如一朵花中只有一个雌蕊的情况，这个雌蕊有可能是由一个心皮构成的，也可能是由多个心皮构成的，只是因为合生，往往需要解剖才能揭示内在。同时具有几个心皮的，有些呈现比较明显的分离状态，例如景天科，在描述时经常就直接使用心皮这一概念；有些则是合生成一个子房而柱头分离的情况，这类在描述时较少提及心皮。

⬆肉质草本，叶对生，叶柄基部稍抱茎，叶缘有齿。

⬆圆锥状聚伞花序，苞片小，花多，花常直立，白色、黄色、橙色、红色、紫红色等；花冠高脚碟形，裂片4或重瓣，下部合生成有4棱的管，基部膨大成坛状。

⬆萼片分离至基部，披针形，常短于花冠管。

⬆雄蕊8，2轮，贴生在花冠管中，花丝长度不同；心皮4，花柱短。

山茶
Camellia japonica

科属：山茶科山茶属

别名：茶花、山茶花

花期：1～4月

一月

山茶属植物有数百种，用于观赏的多是山茶和茶梅（*Camellia sasanqua*）两个物种的各种园艺品种，此外还有金花茶（通常泛指的包括多个物种，如金花茶、薄叶金花茶*Camellia chrysanthoides*、显脉金花茶*Camellia euphlebia*等）、杜鹃红山茶（*Camellia azalea*）等若干个物种也常用于观赏，而茶叶的原料则来自于茶（*Camellia sinensis*）。

作为我国的传统名花之一，自然也有不少墨客骚人为山茶留下了诗篇。

山茶
[宋]陆游
东园三月雨兼风，桃李飘零扫地空。
唯有山茶偏耐久，绿丛又放数枝红。

山茶花
[清]段琦
独放早春枝，与梅战风雪。
岂徒丹砂红，千古英雄血。

⬆灌木或小乔木，叶革质，
椭圆形，长5～10厘米，宽
2.5～5厘米，叶缘有细锯齿。

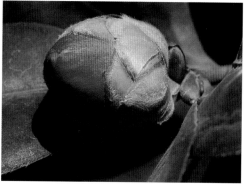

⬆花顶生，无柄；苞片及萼片约10片，
组成长约2.5～3厘米的杯状苞被，外面
有绢毛，脱落。

⬆花大，直径5～10厘米，花瓣
6～7片或重瓣，基部合生，白色、
粉色、红色。

基部连生

花柱

雄蕊

⬆雄蕊3轮，外轮花丝基部连生成
短管（重瓣品种可能退化）；子房
无毛，花柱先端3浅裂。

朱槿
Hibiscus rosasinensis

科属：锦葵科木槿属

别名：扶桑、佛桑、大红花、朱槿牡丹

花期：全年

一月

　　早在西晋时就有关于朱槿的记载："朱槿花，茎叶皆如桑，叶光而厚，树高止四五尺，而枝叶婆娑。自二月开花，至中冬即歇。其花深红色，五出，大如蜀葵，有蕊一条，长于花叶，上缀金屑，日光所烁，疑若焰生。一丛之上，日开数百朵，朝开暮落。"对于朱槿的观察和描绘，颇为写实。因为栽培历史悠久，自然也少不了描写朱槿的诗句。

朱槿花

[唐]李绅

瘴烟长暖无霜雪，

槿艳繁花满树红。

每叹芳菲四时厌，

不知开落有春风。

朱槿花
[宋]张登
甲子虽推小雪天，刺桐犹绿槿花然。
阳和长养无时歇，却是炎州雨露偏。

耕园驿佛桑花
[宋]蔡襄
溪馆初寒似早春，红花相倚媚行人。
可怜万木凋零尽，独见繁枝烂漫新。
清艳衣沾云表露，幽香时过辙中尘。
名园不肯争颜色，灼灼天桃野水滨。

⬆常绿灌木，叶阔卵形或狭卵形，先端渐尖，基部圆形或楔形，边缘具粗齿或缺刻，叶柄长5～20毫米。

⬆托叶线形，长5～12毫米，被毛。

⬆花大，单生于上部叶腋间，花冠漏斗形，花瓣5或重瓣，直径6～15厘米，白色、黄色、粉色、橙色、红色等。

⬆花梗长，近端有节；小苞片（又称副萼）6～7，线状披针形，基部合生；花萼钟状，裂片5。

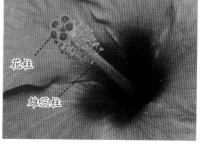

⬆雄蕊柱长4～8厘米，平滑无毛，伸出花外；花柱分枝5，有毛。

二月

月季

Rosa hybrida

科属：蔷薇科蔷薇属

别名：当代月季、月季花、月月红、
杂交月季、现代月季

花期：全年

二月

月季花颜色艳丽而兼有芳香，被誉为花中皇后，且四季常开，是鲜切花市场上主力品种。虽然并非玫瑰，无论中外，都是人们表达爱情的首选，也经常是花园中当之无愧的主角。

二月

月季花

[明]张新

一番花信一番新，
半属东风半属尘。
惟有此花开不厌，
一年长占四季春。

中书东厅十咏月季

[宋]韩琦

牡丹殊绝委春风，
露菊萧疏怨晚丛。
何以此花荣艳足，
四时长放浅深红。

腊前月季

[宋]杨万里

只道花开无十日，此花无日不春风。
一尖已剥胭脂红，四破犹包翡翠茸。
别有香超桃李外，更有梅斗雪霜中。
折来喜作新年看，忘却今晨是季冬。

灌木，枝粗壮，无毛，有散生而粗短钩状皮刺；奇数羽状复叶互生，小叶 3～7，椭圆形至卵状长圆形，边缘有锐锯齿，上面常带光泽；托叶大部贴生于叶柄，边缘常有腺毛。

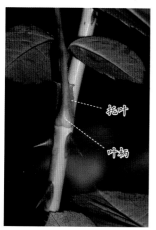

花单生或数朵簇生于枝顶，花梗长，萼片卵形，内面密被长柔毛，先端尾状渐尖，有时呈叶状，边缘常有羽状裂片。

花直径5～8厘米，有香或无香，花瓣倒卵形，单瓣、半重瓣至重瓣，白色、粉色、红色、黄色、橙色、淡紫色等。

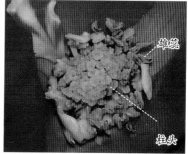

雄蕊多数，心皮多数，花柱离生。

蓝目菊

Osteospermum ecklonis

科属：菊科蓝目菊属

别名：南非万寿菊、白蓝菊、蓝眼菊

花期：2 ~ 10月

二月

　　蓝目菊，因蓝色系的管状花而得名，这些管状花里藏着不少秘密呢，例如聚药雄蕊。

　　聚药雄蕊是菊科植物的一大特征，也是对虫媒传粉的适应。雄蕊的花丝分离而花药连合，称为聚药雄蕊。

　　在菊科植物的管状花中，花药通过侧面联合形成一个筒状结构。为了保证

异花传粉，花中的雌雄蕊异熟，即成熟的时间不同，通常是雄蕊先成熟，雌蕊后成熟。

雄蕊成熟时，花粉粒向内散落在花药筒里，此时雌蕊仍在生长，花柱伸长的过程也同时能将花粉推出花药筒，方便来访的昆虫带走。当花粉全部散落而花药枯萎之后，雌蕊完全成熟，柱头裂片展开，做好准备，等待其他花朵的花粉到来。

⬆ 多年生宿根草本，直立，多分枝，被毛；单叶互生，叶缘疏生锐齿。

⬆ 头状花序单生于茎顶，直径约5厘米，苞片披针形。

⬆ 舌状花顶端3齿裂，白色、黄色、蓝色、紫红色等。

聚药雄蕊

花药

⬆ 管状花多数，5裂，蓝紫色。

长春花
Catharanthus roseus

科属：夹竹桃科长春花属

别名：日日春、日日新

花期：全年

二月

长春花四季花开不断，花凋谢掉落后，经常可以看到蓇葖果随之开始生长。经常有人疑惑，雄蕊雌蕊藏在哪里，又是如何授粉的？

捡了朵落花解剖之后，一部分疑惑得到了解答：雄蕊、雌蕊都藏在了细长的花冠筒里，雄蕊的花药在靠近花喉下方略膨大的部位，雌蕊的柱头还要再靠下一点。然而花喉窄小，昆虫恐怕难以帮忙。查过资料才知道，长春花原来是自花授粉，花朵的构造营造了一个近乎全封闭的闭花授粉环境。除了雄蕊、雌蕊内藏，花喉窄小等，花冠筒内还有刚毛，防止花粉向外散失，也可以拦阻昆虫过于深入花冠筒。当然，植株本身还有相应的机制来保证花粉和柱头的顺利结合，达到成功授粉的目的。

⬆ 半灌木，茎近方形，有条纹；叶膜质，倒卵状长圆形，基部渐狭而成叶柄。

⬆ 聚伞花序腋生或顶生，有花2～3朵；花萼5深裂，裂片披针形或钻状渐尖。

⬆ 花冠5裂，红色、紫红色、粉色、白色，高脚碟状。

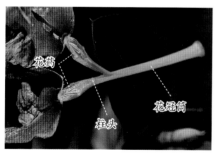

⬆ 花冠筒细长，圆筒状，喉部紧缩；雄蕊着生于花冠筒的上半部，但花药隐藏于花喉之内，与柱头离生。

⬆ 蓇葖双生，直立，圆筒状。

非洲凤仙

Impatiens walleriana

科属：凤仙花科凤仙花属

别名：苏丹凤仙花、玻璃翠、
　　　何氏凤仙花

花期：全年

二月

因原产地非洲而得名，乍一看，摊成几乎一个平面的花瓣与大家平常熟知的凤仙花很不一样，但植株所具有的凤仙花科的各个特征还是暴露了它的本质。例如，花朵拖着细长的"尾巴"——唇瓣的长距，花苞的时候比较容易看到，盛开时就需要从花朵的侧面或者背面去观察了。再如，受到外力就很容易炸裂的蒴果，可是相当符合Touch-me-not这一别名的。

为了保证异花传粉，凤仙花科植物也采取了雌雄蕊异熟的措施。5枚雄蕊联合成雄蕊群，包裹着子房和柱头，在雌蕊成熟之前就先行脱落。如果不够细心，就有可能错过观察雄蕊的机会呢。

旗瓣

侧生萼片

苞片

侧生萼片

唇瓣

⬆ 多年生肉质草本，分枝，叶互生，边缘具圆齿状小齿，齿端具小尖，有叶柄。

⬆ 总花梗生于茎、枝上部叶腋，通常具2花；花梗细，基部具苞片，线状披针形或钻形；侧生萼片2，卵状披针形。

翼瓣基部裂片

旗瓣

翼瓣上部裂片

翼瓣基部裂片

翼瓣上部裂片

⬆ 旗瓣顶端微凹，背面中肋具窄鸡冠状突起，顶端具短尖；翼瓣2裂，基部裂片与上部裂片同形，且近等大；唇瓣浅舟状，基部急收缩成线状内弯的长距。

⬆ 花直径约3厘米，红色、粉色、紫红色、橙色、紫色、白色等，有重瓣品种。

雄蕊

子房

雄蕊脱落前

雄蕊脱落后

➡ 雄蕊5枚，在雌蕊上部连合，环绕子房和柱头，在柱头成熟前脱落；花柱1，子房纺锤状，无毛。

瓜叶菊

Pericallis hybrida

科属：菊科瓜叶菊属

花期：12月~翌年5月

二月

　　脉序，也就是叶脉在叶片中排列的方式，经常是辨识植物的特征之一。例如瓜叶菊的叶子具有掌状脉，蓝目菊的叶子具有羽状脉，前两者都属于网状脉，而风信子的叶子具有平行脉。

　　网状脉和平行脉属于被子植物脉序的两种基本类型，单子叶植物多数具有平行脉，而双子叶植物多数具有网状脉。网状脉可分为掌状网脉和羽状网脉。从叶柄顶端辐射出数条主脉的，称为掌状网脉；叶片中有一条明显的主脉，两侧有多数侧脉，主脉和侧脉间排列如同羽毛状，称为羽状网脉。

⬆ 多年生直立草本，被毛；单叶互生，叶片大，边缘不规则三角状浅裂，叶脉掌状，叶柄较长。

⬆ 头状花序多数，在茎端排列成宽伞房状；总苞钟状，苞片披针形，1层，几乎等长。

⬆ 花直径3～5厘米，舌状花白色、粉色、蓝色、紫红色等，舌片长椭圆形，顶端具3小齿。

⬆ 管状花多数，颜色各种，顶端5裂。

矮牵牛
Petunia hybrida

科属： 茄科碧冬茄属

别名： 碧冬茄

花期： 全年

二月

　　一棵植株就可以创造出直径30厘米以上的花球，不需要苛刻的条件，四季均可赏花，矮牵牛可谓是园艺界的骄子，从欧美到国内，应用非常广泛。园艺上栽培的矮牵牛品种繁多，通常被认为是杂交种。

　　花型类似牵牛花，而植株直立并非蔓生，所以园艺上习惯称为矮牵牛。碧冬茄这一名字，大约因为属名的音译和归属于茄科而来，可能比较拗口，所以认同度不高。

　　矮牵牛的花，可以归类为合瓣花，花瓣有合生的部分；与之相对的，则是离瓣花，各个花瓣之间完全分离。对于合瓣花，花冠合生的部分常称为冠筒，花冠上部扩大的部分，常称为冠檐、檐部。

⬆草本，全体生有腺毛，多分枝；叶全缘，互生，卵形，长3～8厘米，宽1.5～4.5厘米，有短柄或近无柄，基部阔楔形或楔形。

⬆花单生于叶腋，花梗长3～5厘米；花萼5深裂，裂片条形，顶端钝，果时宿存。

柱头

雄蕊

花柱

雄蕊

⬆花冠漏斗状，筒部向上渐扩大，檐部开展，5浅裂或重瓣，白色、粉色、红色、紫色等，或有各式条纹。

雄蕊4长1短；花柱稍超过雄蕊，柱头浅裂。

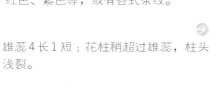

三月

风信子
Hyacinthus orientalis

科属：天门冬科风信子属

别名：五彩水仙

花期：2～4月

三月

　　风信子的属名**Hyacinthus**，源自古希腊神话中一位美少年的名字。美少年Hyacinthus与太阳神阿波罗交情深厚、往来亲密，可以说是形影不离。这样的情形让西风神很是嫉妒，于是趁着他们玩掷铁饼游戏，故意施法吹偏了阿波罗扔出的铁饼，导致少年被误伤而亡。少年死后化作一株鲜花，阿波罗以少年的名字Hyacinthus命名以作纪念。

　　风信子的球茎属于鳞茎，是地下茎的一种，通常短缩而膨大，由许多肥厚的鳞片组成，可以一层一层地剥开。当环境不适合时，地面上的部分就会枯萎，而鳞茎可以储存养分和水分，等待环境适合时再度发芽生长。

⤴多年生草本，鳞茎球形或扁球形，表皮白色、紫色等。

⤴叶基生，带状披针形，6～7枚；总状花序从叶丛中抽出，花葶高度通常10～20厘米，花多数。

⤴花梗短，花冠呈筒状，基部略膨大。

⤴花冠檐部6裂或重瓣，裂片常反卷，白色、黄色、粉色、红色、蓝色、紫色等，芳香。

雄蕊

花柱

⬅雄蕊6，内藏。

二乔木兰
Magnolia × soulangeana

科属：木兰科木兰属

别名：二乔玉兰

花期：2～3月

三月

19世纪初，法国学者索兰格·博丁将原产中国的玉兰（*Magnolia denudata*）与辛夷（*Magnolia liliiflora*）进行杂交，培育出了二乔木兰。如今，园艺上二乔木兰的栽培种已经为数不少。

二乔木兰的花朵大而美丽，花被片常为深浅不同的红色。为什么这里用的是花被片而不是花瓣呢？原因是一些植物的花朵中，花萼和花瓣的区分很不明显。这种情况下，通常合称为花被片，而不再细分为花萼和花瓣。

外轮花被片

内轮花被片

外轮花被片

内轮花被片

⬆ 落叶小乔木，单叶互生，纸质，倒卵形，长6～15厘米，宽4～7.5厘米，全缘，先端短急尖，侧脉每边7～9条，叶柄长1～1.5厘米。

⬆ 花蕾卵圆形，单生于枝顶，花先叶开放，外轮3片花被片常较短，约为内轮长的2/3。

雌蕊

雄蕊

⬆ 花被片常为9，浅红色至深红色。

⬆ 雌蕊群和雄蕊群相连接，雄蕊长1～1.2厘米，药隔伸出成短尖，雌蕊群圆柱形，长约1.5厘米。

日本早樱

Prunus × yedoensis

科属：蔷薇科李属

别名：樱花、东京樱花、吉野樱、日本樱花

花期：3～4月

三月

提到樱花，自然就不能不提到与我们隔海相望的邻国。日本园艺家们培育了许多著名的杂交樱花品种，例如河津樱、染井吉野、关山樱等。日本除了有大多观赏用的樱花品种，还有着繁荣的樱花文化，樱花的国度当之无愧。

当樱花从日本南方的冲绳开始绽放，花海次第席卷各地，直至最后在日本北方的北海道鸣金收场，每一年都吸引着来自世界各地的大批游客共赴盛宴，也是日本民众共同的盛大庆典。可以说，樱花代表着日本，也是日本的民族象征。

轻风掠过，花瓣飘零如雪。樱花易落，春光易逝，极致的绚丽也在提醒赏花的人们不忘珍惜当下。

托叶

⬆落叶乔木，叶片椭圆卵形或倒卵形，先端渐尖或骤尾尖，基部圆形，稀楔形，边有尖锐重锯齿，齿端渐尖，侧脉7～10对，叶柄长约1.5厘米；托叶披针形，有羽裂腺齿，早落。

⬆花序伞形总状，总梗极短，有花3～4朵，先叶开放，花直径3～3.5厘米，白色或粉红色。

⬆花梗长2～2.5厘米，萼筒管状，长7～8毫米，萼片三角状长卵形，先端渐尖，边有腺齿。

⬆花瓣5，椭圆状卵形，先端下凹，2裂；雄蕊约32枚，短于花瓣。

黄水仙
Narcissus pseudonarcissus

科属：石蒜科水仙属

别名：洋水仙、喇叭水仙、红口水仙

花期：3～4月

三月

洋水仙是对近些年来引进国内的各种水仙属（*Narcissus*）植物的统称，包括若干个物种的不同品种。同属于*Narcissus*属，洋水仙在植株形态上和水仙（*Narcissus tazetta* subsp. *chinensis*，中国水仙）有相似之处，当然也有各种区别。目前栽培较为普遍的主要是花朵较大、颜色鲜艳的洋水仙品种。

水仙属的属名*Narcissus*源自希腊神话。英俊少年Narcissus拒绝了森林中的女神们爱慕，却偶然在湖边喝水时爱上了自己的倒影。日复一日，他只钟情于坐着水边凝望自己的倒影。死后化作水仙（*Narcissus*），长在水边，花朵低垂，仿佛依旧在痴迷着自己的倒影。

花被片　子房　总苞

副冠

⤴多年生草本，鳞茎球形；叶宽线形，4～6枚，顶端钝。

⤴花茎从叶间抽出，略高于叶，总苞佛焰苞状，花常1朵。

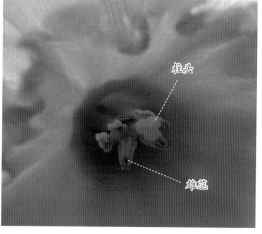

柱头

雄蕊

⤴花大，直径6～8cm，花被管较短，花被高脚碟状，裂片6，几相等，淡黄色至黄色；副花冠黄色至橙红色，略短于花被，上部扩大，皱褶状，浅裂。

⤴雄蕊6，着生于花被管内；花柱细长，柱头3裂。

桃

Prunus persica

科属：蔷薇科李属

别名：桃花、碧桃、蟠桃

花期：3～4月

三月

　　"竹外桃花三两枝"，桃李芳菲的美景是人们感知春天的开始，自然也留下许多脍炙人口的诗篇。数千年以来的栽培，培育出桃的品种众多，例如：赏花为主的碧桃、菊花桃、千瓣红桃等，果用为主的蟠桃、黄肉桃等。

桃花

[唐]吴融

满树和娇烂漫红，万枝丹彩灼春融。

何当结作千年实，将示人间造化工。

江畔独步寻花

[唐]杜甫

黄师塔前江水东，春光懒困倚微风。

桃花一簇开无主，可爱深红爱浅红。

桃花
[唐]周朴
桃花春色暖先开，明媚谁人不看来。
可惜狂风吹落后，殷红片片点莓苔。

大林寺桃花
[唐]白居易
人间四月芳菲尽，山寺桃花始盛开。
长恨春归无觅处，不知转入此中来。

⬆落叶乔木，树干能分泌胶质（俗称桃胶），小枝有光泽，无毛，绿色至红色；叶片长圆披针形，长7～15厘米，宽2～3.5厘米，先端渐尖，叶边具锯齿，叶柄长1～2厘米。

⬆花单生，先于叶开放，花梗极短或几无梗；萼筒钟形，被短柔毛，绿色至红色；萼片卵形至长圆形，顶端圆钝，外被短柔毛。

⬆花直径2.5～3.5厘米；花瓣长圆状椭圆形至宽倒卵形（图为菊花桃，花瓣比一般桃花品种狭窄得多），单瓣、半重瓣至重瓣，粉红色、红色或白色。

⬆雄蕊约20～30，花柱与雄蕊等长或稍短，子房被短柔毛。

锦绣杜鹃

Rhododendron pulchrum

科属： 杜鹃花科杜鹃属

别名： 鲜艳杜鹃

花期： 3～5月

三月

　　锦绣杜鹃是国内园林绿化中应用最为普遍的杜鹃花科植物，早春时节陆续开放的各种杜鹃花更是野外最美的风景之一。国内有着物种丰富的杜鹃花科植物资源，单单是杜鹃属植物就有数百种，可以说，鉴定起来难度非常大。对于普通爱好者，能分辨出几个常见种，其他的能认出来是杜鹃属，已经是不错的水平。

杜鹃属的一些物种，叶、花中含有毒素，能导致人、动物等中毒。在某些地方，杜鹃花盛开的时节，花瓣飘落水面时会出现"杜鹃醉鱼"的景观。实际上就是鱼儿吃了含有毒素的杜鹃花瓣，中毒后漂浮在水面，仿佛醉酒一般。

⬆ 半常绿灌木，被毛，枝开展；叶薄革质，互生，宽1～2.5厘米，全缘。

⬆ 伞形花序顶生，有花1～5朵；花梗长0.8～1.5厘米，密被淡黄褐色长柔毛；花萼大，绿色，5深裂，裂片披针形，长约1.2厘米，被糙伏毛。

⬆ 花冠紫红色、粉色、白色，阔漏斗形，直径约6厘米，裂片5，具深色斑点。

⬆ 雄蕊10，近于等长，花柱比花冠稍长或与花冠等长，无毛。

四季报春
Primula obconica

科属：报春花科报春花属

别名：四季樱草、鄂报春

花期：2～6月

三月

　　园艺上常见的四季报春是鄂报春的栽培品种，颜色较多变化。即使是园艺品种，报春花属很多固有的特征依然被保持着，例如大多数报春花属物种是典型的花柱二型植物，这是异花授粉的需要，避免自交衰退的可能性。

　　雄蕊在靠近花冠筒基部的位置着生，而花柱长接近花冠筒口部的，称为长花柱花；雄蕊着生在花冠筒中上部，而花柱很短藏在花冠筒内的，称为短花柱花。同型花之间授粉，几乎不结种子，例如长花柱花和长花柱花、短花柱花和短花柱花。异型花之间授粉，则能产生较多饱满的种子。当然，报春花属的传粉也需要昆虫来帮忙。昆虫采花蜜时，头部触及花冠筒口部，而口器伸到花冠筒基部，刚好可以帮助把短柱花的花粉传给长柱花的柱头，把长柱花的花粉传给短柱花的柱头。

🔺多年生草本，被毛，叶基生，莲座状，叶较大，宽2.5～11厘米，基部心形，边缘浅波状或具齿，叶柄长。

🔺花葶1至多枚自叶丛中抽出，伞形花序，多花，花梗明显；花萼绿色，杯状或阔钟状，短于花冠，浅裂。

🔺花冠紫红色、红色、白色，直径2～3cm，冠筒长于花萼，冠檐5裂，裂片倒卵形，先端2裂。

🔺雄蕊5，贴生于冠筒上，花柱常有长短2型。

郁金香
Tulipa fosteriana

科属：百合科郁金香属

花期：3 ～ 5月

三月

　　郁金香属的属名 *Tulipa* 源自土耳其语，意为头巾，大约是花朵形状相似的缘故。

　　在欧洲，郁金香的花朵象征王冠，叶片象征宝剑，埋藏在泥土里的鳞茎象征黄金。传说中，古代欧洲的一位美貌少女同时被三位骑士追求，他们分别献上了王冠、宝剑和黄金来求婚，彼此间争执得不可开交。少女左右为难，只好求助于森林中的花神，变成了一株郁金香。

郁金香是球根王国荷兰的国花，在几个世纪前"郁金香狂热"的时期，珍稀品种的郁金香球根的价值堪比黄金。如今，郁金香已是世界著名花卉，新品种仍在不断被培育出来，例如2014年的新品种"国泰"，一款花瓣有羽毛边的深紫色鹦鹉型郁金香。

⬆花较大，钟状，通常单朵顶生，花被片6或重瓣，离生，易脱落，颜色丰富。

⬆多年生草本，有鳞茎，茎直立，株高20～50cm；叶互生，3～5枚，抱茎，条状披针形至卵状披针形。

⬆雄蕊6，等长，生于花被片基部；子房长椭圆形，柱头3裂，鸡冠状。

日本木瓜
Chaenomeles japonica

科属：蔷薇科木瓜海棠属

别名：倭海棠、日本海棠、椿子、和圆子

花期：3~6月

三月

　　日本海棠和垂丝海棠（*Malus halliana*）虽然都叫海棠，却是同科不同属的植物，在形态上差异也比较大，区分开来并不难。有时候，日本海棠的植株上会长出一些特别的结构——肾形的托叶，通常在新生枝条上出现，过一段时间后就脱落了。类似的托叶，也会在木瓜海棠属的其他植物上出现。

虽然日本木瓜的名字里有"木瓜"两字，但跟平时常见的作为水果的木瓜（*Carica papaya*，番木瓜）连科都不同。所以，虽然木瓜海棠属植物栽培历史悠久，但通常是作为观花植物，而不在果用植物之列。

⬆矮灌木，高约1米，侧枝丰富，有细刺；单叶互生，叶片小，倒卵形、匙形至宽卵形，先端圆钝，基部楔形或宽楔形，边缘有圆钝锯齿，齿尖向内合拢，无毛，叶柄短。

⬆花3～5朵簇生，直径2.5～4厘米，花梗短或近于无梗；萼筒钟状，萼片卵形，长4～5毫米，比萼筒约短一半，边缘有不明显锯齿。

⬆花瓣倒卵形或近圆形，基部延伸成短爪，砖红色或白色；雄蕊40～60，长约花瓣之半；花柱5，基部合生，柱头头状，约与雄蕊等长。

⬆果实近球形，萼片脱落，果脐明显。

羽叶薰衣草
Lavandula pinnata

科属：唇形科薰衣草属

花期：2 ~ 5月

三月

　　在很多人的认知里，大概蓝色的穗状小花都可以叫做薰衣草。去不了遥远的普罗旺斯的薰衣草花海里漫步，其实国内不少地方也有"薰衣草"花海呢。只不过，很多是其他科属的植物张冠李戴，如果可以，真正的薰衣草们大概也会为自己抱不平吧。

　　作为著名的香草植物，薰衣草的花序是制作香料的原料。薰衣草属植物有四十多种，引进国内的不多，比较常见的是薰衣草（*Lavandula angustifolia*）和羽叶薰衣草（*Lavandula pinnata*）。前者在新疆地区有较大面积的种植，后者在园林绿化和花卉市场中不难见到。

⬆ 多年生灌木，茎四棱，密被绒毛；叶对生，二回羽状分裂，裂片线形至披针形。

⬆ 轮伞花序，通常在枝顶聚集成连续的穗状花序。

苞片

⬆ 苞片卵圆形，先端渐尖，花萼二唇形（常被苞片遮挡）。

⬆ 花小，蓝紫色，花冠筒外伸，在喉部近扩大，冠檐二唇形，上唇2裂，近直立，下唇3裂；雄蕊4，内藏。

April

四月

楼斗菜
Aquilegia hybrida

科属：毛茛科楼斗菜属

别名：西洋楼斗菜

花期：4 ~ 7月

四月

　　西洋楼斗菜的花朵，引人注目之处大概要数细长的距，与国内原生的楼斗菜属植物比起来相当不同。研究表明，亚洲地区的楼斗菜属植物多数属于距较短的类型，北美地区的楼斗菜属植物则属于长距的类型，最长的可以超过10厘米，而欧洲地区的则介于这两者之间，距的长度属于中等。

　　植物间的差异，通常都是适应相应环境的需要而分化的结果，花距的长度也一样。楼斗菜属植物的花距里藏着花蜜，距的长度不同，所含花蜜的分量和成分也不尽相同，目的是吸引所在地区的传粉生物。北美地区的楼斗菜属植物要吸引的是蛾类和当地特有的蜂鸟，欧洲地区的则主要吸引熊蜂，亚洲地区的要吸引熊蜂和食蚜蝇。

⬆ 多年生草本，基生叶常为二回三出复叶，叶柄较长，基部有鞘；小叶圆倒卵形至扇形，浅裂，有2～3枚圆齿。

⬆ 花通常生于植株上部，单一或聚伞花序；花梗长，被毛，苞片披针形至长圆形，1至3浅裂；花较大，辐射对称，倾斜或微下垂。

➡ 萼片5，花瓣状，被毛，顶端渐尖，白色、黄色、红色、蓝色、紫堇色等各种；花瓣5，与萼片同色或异色，顶端钝形或圆形，下部延伸成微弯的长距，被毛，末端圆。

花瓣

花瓣

萼片

➡ 雄蕊多数，心皮5～10；蓇葖绿色，被毛，顶端宿存花柱。

紫藤
Wisteria sinensis

科属：豆科紫藤属

花期：4 ~ 5月

四月

　　紫藤是营造庭院棚架景观的绝好素材，花朵盛开时如同紫色的瀑布倾泻而下，蔚为壮观。且属于木质藤本，观赏年限长久，通常生长时间较久的，开花效果也较好。同属植物中，还有来自日本的多花紫藤（*Wisteria floribunda*），品种的颜色较为丰富，花序的长度可超过80厘米。

陈家紫藤花下赠周判官	紫藤树
[唐]白居易	[唐]李白
藤花无次第，万朵一时开。	紫藤挂云木，花蔓宜阳春。
不是周从事，何人唤我来。	密叶隐歌鸟，香风留美人。

和题藤架

[唐]独孤及

尊尊叶成幄，璀璀花落架。
花前离心苦，愁至无日夜。
人去藤花千里强，藤花无主为谁芳。
相思历乱何由尽，春日逗逗如线长。

落叶大型藤本，粗壮，茎左旋，奇数羽状复叶互生，小叶3～6对，全缘，⬆
先端渐尖至尾尖，嫩时两面被平伏毛。

⬆总状花序发自去年短枝的腋芽或顶芽，苞片半透明，被棕色毛，早落。

⬆总状花序下垂，花序轴、花梗、花萼被白色柔毛；花多数，花梗细长；花萼杯状，萼齿5，略呈二唇形。

⬆花长2～2.5厘米，芳香，花冠蓝紫色或白色，旗瓣圆形，有黄色斑块。

⬆荚果倒披针形，伸长，密被绒毛，悬垂枝上不脱落，种子大，褐色。

风铃草
Campanula medium

科属：桔梗科风铃草属

别名：彩钟花、风铃花

花期：4 ~ 6月

四月

风铃草的花朵如同一个个可爱的蓝色铃铛挂在枝头，风吹过时仿佛会发出清脆悦耳的响声。也有人说，风铃草的花朵如同天主教坎特伯雷大教堂里朝圣者手中摇响的铜铃，所以被称为 Canterbury bells （坎特伯雷之钟）。

　　为了确保异花授粉，风铃草属植物选择了雄蕊先行成熟的方式，5枚雄蕊簇拥在柱头周围，早早成熟并散落花粉，于是花粉沾满花柱，此时雌蕊还未成熟，负有接受传粉使命的柱头也还没张开。当雄蕊完成使命后凋零，花柱才伸长展露柱头面，避开了接受同一朵花的花粉的时机。

⬆ 多年生直立草本，叶互生，基生叶莲座状，卵形至倒卵形，叶缘圆齿状波形，被糙毛。

⬆ 总状花序，花单生，花冠5浅裂，钟状，基部略膨大，长约4厘米，紫色、白色、粉红色。

⬆ 花萼5裂，下部两侧反卷，被粗毛。

⬆ 雄蕊5，离生，柱头5裂，裂片螺旋状卷曲。

玫瑰
Rosa rugosa

科属：蔷薇科蔷薇属

花期：4～6月

四月

　　玫瑰虽然芬芳馥郁，但花期短暂而不能持久，在鲜切花中难觅踪影，不过一直都是重要的香料来源。要与月季区分也相当容易，例如花朵颜色很少，叶子表面较粗糙而光泽度较低，再如刺的类型、有无毛被等等。

司直巡官无诸移到玫瑰花
［唐］徐夤
芳菲移自越王台，最似蔷薇好并栽。
秾艳尽怜胜彩绘，嘉名谁赠作玫瑰。
春藏锦绣风吹拆，天染琼瑶日照开。
为报朱衣早邀客，莫教零落委苍苔。

红玫瑰
［宋］杨万里
非关月季姓名同，不与蔷薇谱牒通。
接叶连枝千万绿，一花两色浅深红。
风流各自胭脂格，雨露何私造化工。
别有国香收不得，诗人熏入水池中。

和李员外与舍人咏玫瑰花寄徐侍郎
[唐]司空曙
仙吏紫薇郎，奇花共玩芳。
攒星排绿蒂，照眼发红光。
暗炉翻阶药，遥连直署香。
游枝蜂绕易，碍刺鸟衔妨。
露湿凝衣粉，风吹散蕊黄。
蒙茏珠树合，焕烂锦屏张。
留客胜看竹，思人比爱棠。
如传采蘋咏，远思满潇湘。

⬅ 直立灌木，茎粗壮，丛生，小枝密被绒毛，并有针刺和腺毛，有直立或弯曲、淡黄色的皮刺。

⬆ 奇数羽状复叶，小叶5～9，连叶柄长5～13厘米；小叶片椭圆形或椭圆状倒卵形，边缘有尖锐锯齿，叶脉下陷，有褶皱；托叶大部贴生于叶柄，离生部分卵形。

⬆ 花单生于叶腋，或数朵簇生；花梗长5～25毫米，密被绒毛和腺毛；萼片卵状披针形，先端尾状渐尖，常有羽状裂片而扩展成叶状，下面密被柔毛和腺毛。

⬆ 花芳香，直径4～5.5厘米；花瓣倒卵形，单瓣、半重瓣至重瓣，芳香，紫红色或白色。

⬆ 雄蕊多数；花柱离生，比雄蕊短很多。

摩洛哥柳穿鱼
Linaria maroccana

科属：车前科柳穿鱼属

别名：柳穿鱼、姬金鱼草

花期：2~6月

四月

对于植物的认识，有时候会受到一些因素的干扰，园艺上常用的柳穿鱼大概可以算例子之一。一度以来，都被当成国内有分布的柳穿鱼（*Linaria vulgaris*）（同属的一个广布种，欧洲亚洲都有分布，但花色通常是黄色）。相当久之后才被认真考证者更正为 *Linaria maroccana*，也就是摩洛哥柳穿鱼。

推敲个中因素，大约是引进时相关学名和资料的保存问题。即使引入时有准确的学名，而国内园艺界普遍没有养成使用学名的习惯，在普及的过程中逐渐被忽略乃至遗忘。而要从中文名去追溯外来植物的学名和相关资料，通常都比较困难。若再属于国内没有资料记载的科属，加上引进时资料有误的话，要查证恐怕就需要运气了。

一年生草本，高约15～30厘米，叶对生或轮生，条形，全缘。

花萼

距

苞片

雄蕊

⬆ 总状花序，多花，苞片小，披针形；花萼披针形，5裂几达基部，外翻；花冠筒管状，基部有长距，稍弯曲，有白、黄、红、紫等各种颜色，喉部有黄色斑块。

⬆ 上唇直立，2裂，下部中间稍压扁状对折；下唇3裂，中央向上唇隆起并扩大，几乎封住喉部，并有压扁的驼峰状凸起，在隆起处密被腺毛。

勋章菊

Gazania rigens

科属：菊科勋章菊属

别名：勋章花

花期：3 ～ 6月

四月

勋章菊原产于南非，用于栽培的大多是园艺品种，因花朵的色彩酷似勋章而得名。勋章菊的花朵大而美丽，花瓣上各种条纹、晕圈、眼斑的组合变化，更显华丽。

有意思的是，勋章菊的植株上有时候会同时出现两种差异明显的叶子，一种细长而全缘，另一种则是完全的羽状全裂，不注意的话，大概会以为是两种不同的植物呢。类似的叶型会变化的植物，我们身边最常见的大概是构树（*Broussonetia papyrifera*），小树苗时期的叶片显著分裂，等长成大树，叶子基本上就不裂了。

⬆ 多年生草本，叶基生，羽状全裂至全缘，叶背密被白色绵毛。

⬆ 头状花序单生，花梗长，被毛；苞片2～3层，披针形，边缘有糙毛，基部合生成杯状。

⬆ 花冠直径4～7厘米，舌状花色彩丰富，常有条纹、晕圈、眼斑。

⬆ 管状花黄色，两性，多数。

鸳鸯茉莉
Brunfelsia brasiliensis

科属：茄科鸳鸯茉莉属

别名：双色茉莉

花期：4～11月

四月

　　鸳鸯茉莉有一个特别的英文名：Yesterday-Today-Tomorrow，意为昨天、今天、明天，名字的由来大概是因为鸳鸯茉莉的花朵颜色会随着时间而改变。初开时紫色，日渐一日，慢慢褪成淡紫色，将近凋谢时变成白色。也因此，植株上经常同时存在着颜色不同的花朵，这也是中文名字中"鸳鸯"或"双色"的由来。

　　鸳鸯茉莉的花之所以会变色，主要是因为花瓣中存在着花青素。花青素的多少直接影响花的颜色，随着气温等条件的变化，花瓣中的花青素逐渐减少，于是色彩渐褪，才会产生花色一日一变的现象。通常天气越晴朗，变色越明显。

⬆ 灌木，高约1米，单叶互生，长椭圆形至矩圆形，全缘，叶柄短。

⬆ 花单生或数朵聚生成聚伞花序，芳香，花梗短，花萼圆筒状，5浅裂，无毛。

⬆ 花冠高脚碟状，花冠筒长于花萼，近喉处略膨大弯曲，檐部5裂至中部，初开时紫色，喉部有U形白斑，花冠颜色逐渐减淡至白色。

雄蕊　　柱头

⬆ 雄蕊4，花柱近喉处可见。

大花铁线莲
Clematis hybrids

科属：毛茛科铁线莲属

花期：4 ～ 5 月

四月

　　铁线莲有"藤本皇后"的美名，园艺杂交种极多，有的花朵如同一个个娇俏的小铃铛，有的则层层叠叠如同华丽繁复的古代欧洲宫廷舞裙。铁线莲的园艺品种常分为若干个品系，大花型的属于目前国内种植比较广泛的品系，通常还可以再分为早开大花型和晚开大花型两类。

　　铁线莲属于藤本植物，通常采用缠绕攀爬的方式生长。不同的藤本植物，攀爬的方式大不一样。例如，牵牛花直接用茎缠绕，铁线莲靠叶柄的缠绕，葡萄靠卷须来攀爬，而身手矫健的爬山虎则是靠卷须上的吸盘，就连垂直的墙壁都不在话下。

⬆多年生藤本，被毛，叶对生，全缘，羽状复叶、三出复叶至单叶，小叶卵圆形，先端渐尖，叶柄长。

⬆花大，通常单生，直径12～20厘米，花梗长。

⬆花瓣不存在，萼片6～8或重瓣，少数品种为4，白色、绿色、粉色、紫红色、蓝色、紫色、红色等。

⬆雄蕊多数，心皮多数。

金盏花
Calendula officinalis

科属：菊科金盏花属

别名：金盏菊

花期：12月～翌年6月

四月

　　金盏花的花朵在阳光下分外耀眼，花瓣表面大概有特殊涂层，以至于反射阳光的效果特别好，拍花朵正面照的时候感受尤其深刻，明晃晃的总是过曝……

　　作为菊科成员之一，金盏花也具有舌状花和管状花。菊科植物的舌状花，通常为雌花，属于单性花的一种。一朵单性花中，可能只有雄蕊或雌蕊之一，也可能是只有其中之一发育完整，可以分别称为雄花、雌花。一朵花中，同时具有雄蕊和雌蕊，且都发育完全的，称为两性花，例如菊科植物的管状花。不过，单性花中的雌花有可能结实，两性花却不一定结实哦。

金盏子

[宋]梅尧臣

钟令昔醒酒，豫章留此花。
黄金盏何小，白玉椀无瑕。
始入何郎宅，还归楚客家。
从兹不能醉，只恐卖流霞。

⬆一年生草本，通常自茎基部分枝，被毛；叶长圆状倒卵形或长圆状披针形，长5～15厘米，宽1～3厘米，边缘波状，基部多少抱茎。

⬆头状花序顶生，直径4～5厘米，总苞片1～2层，披针形，被糙毛。

舌状花　管状花

⬆舌状花2～3层，黄色或橘黄色，舌片顶端具3齿裂；中央为两性花，花冠管状，檐部5浅裂；重瓣品种的舌状花层数可增加数倍，两性花可能缺失。

⬆瘦果2～3层，弯曲，外面常具小针刺，顶端具喙，两侧具翅，脊部具规则的横折皱。

白晶菊

Mauranthemum paludosum

科属：菊科白舌菊属

别名：晶晶菊

花期：2～6月

四月

　　直径不过两三厘米的小花，白色的花瓣，铺成一片素雅的花毯。菊科植物大多是虫媒花，需要昆虫帮助传粉，白晶菊也是其中之一，那么，能有什么招数可以吸引昆虫前来帮忙呢？

　　例如，菊科植物的一朵管状花是很小的，但很多的管状花紧密排列成头状花序，效果就大不一样了。而头状花序也可以作为一个平台，便于昆虫往返爬行，有利于昆虫传粉。舌状花和管状花的颜色差异也可以吸引昆虫。昆虫可以看见紫外线，花朵还会利用紫外线来给昆虫指引，在人类眼里看起来平淡的花朵，在昆虫眼里可是不一样的诱惑呢。

二年生直立草本，多分枝，叶互生，一至两回羽裂，裂片顶部锐尖。

头状花序单生茎顶，直径约3厘米，总苞片3～4层，披针形至长卵状，边缘黑色。

舌状花白色，顶端凹缺或浅钝裂；管状花多数，5裂，黄色。

垂丝海棠

Malus halliana

科属：蔷薇科苹果属

花期：3～4月

四月

　　垂丝海棠是《群芳谱》记载的海棠四品之一，"垂丝海棠，树生，柔枝长蒂，花色浅红"。"懒无气力仍春醉，睡起精神欲晓妆。"垂丝海棠花朵低垂，颇具慵懒之态。

垂丝海棠
[宋]范成大
春工叶叶与丝丝，怕日嫌风不自持。
晓镜为谁妆未办，沁痕犹有泪臙脂。

雨中看垂丝海棠
[明]王叔承
江花低拂座，窈窕雨中枝。
湿翠笼芳树，娇红袅碧丝。
骊山清被处，越水浣纱时。
可奈风前态，迷春映酒巵。

垂丝海棠半落
[宋]杨万里
雨后精神退九分，病香愁态不胜春。
落阶一寸轻红雪，卷地风来正恼人。

垂丝海棠
[宋]孙惟信
袅袅垂丝不自持，更禁日炙与风吹。
仙家见惯浑闲事，乞与人间看一枝。

⬆ 落叶乔木，树冠开展，小枝细弱；叶片卵形或椭圆形至长椭卵形，长3.5～8厘米，宽2.5～4.5厘米，先端长渐尖，基部楔形至近圆形，边缘有圆钝细锯齿，叶柄长5～25毫米。

⬆ 伞房花序，具花4～6朵，花梗细弱，长2～4厘米，下垂，紫色；萼筒外面无毛，萼片三角卵形，长3～5毫米，先端钝，全缘，外面无毛，内面密被绒毛，与萼筒等长或稍短。

雄蕊

花柱

⬆ 花直径3～3.5厘米，花瓣倒卵形，长约1.5厘米，基部有短爪，粉红色，常在5数以上；雄蕊20～25，花丝长短不齐，约等于花瓣之半；花柱4或5，较雄蕊为长。

⬆ 果实梨形或倒卵形，直径6～8毫米，成熟很迟，萼片脱落，果梗长2～5厘米。

五月

金鱼草
Antirrhinum majus

科属：车前科金鱼草属

别名：龙口花、龙头花

花期：3 ~ 6 月

五月

　　金鱼草的花冠很有特点，喉部被下唇的凸起封闭，雄蕊、雌蕊和花蜜都被封锁在花冠筒之内，这样的结构使得昆虫要进入花冠筒内部采蜜变得困难重重。再考虑金鱼草的花朵大小这一因素，如果昆虫体型较小，就无法顶开上下唇而顺利进入。当体型合适的受访者到来，拼劲气力进入花冠筒的同时，身体也会接触到紧贴着花冠筒上方的雄蕊、雌蕊，从而帮助传粉。

　　此外，相当多的植物有自交不亲和性，正常可育花粉落到柱头上不一定能顺利受精，如果是自己的花粉落到自己的柱头上，可以识别并阻止受精以避免近亲繁殖。虽然这样需要更多的繁殖成本，却让有机会产生更多变化的后代，在可能变化的环境中存活下来。

苞片　　　　萼片

萼片

苞片　　　　　　　苞片

⬆多年生草本，分枝，单叶对生，有时上部互生，卵形至长圆状披针形，全缘。

⬆总状花序顶生，密被腺毛；苞片叶状，向上渐小；花梗短，花萼5深裂，裂片卵形。

⬆花冠白色、红色、粉色、红色、紫红色等，花冠筒基部下延成兜状。

⬆花冠裂成二唇形，上唇直立，2裂，下唇3裂，在中部向上唇隆起，封闭喉部。

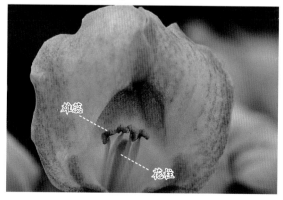

雄蕊

花柱

⬅雄蕊4，雄蕊和花柱均藏在花冠筒内。

朱顶红
Hippeastrum vittatum

科属：石蒜科朱顶红属

别名：花朱顶红、朱顶兰、华胄兰

花期：4～5月

五月

　　朱顶红在球根花卉中属于花朵硕大的一类，花型花色也相当丰富，应用在园艺栽培中效果抢眼。目前用于栽培的，大多都是经过人工选育出的杂交品种。朱顶红最早的杂交记录可以追溯到1799年，英国的一位工人将华胄兰（*Hippeastrum reginae*）和花朱顶红（*Hippeastrum vittatum*）进行杂交，得到了新的后代。

　　几个世纪以来，园艺家们不断育种和栽培，除纯黑、纯蓝等少数颜色外，杂交朱顶红品种的颜色已经基本可以覆盖色谱。而球根王国荷兰则是朱顶红的育种中心，也是最大的生产国。

总苞片

⬆️多年生草本，鳞茎肥大，球形，叶片基生，两侧对生，扁平带状，宽常5厘米以上。

⬆️花葶自叶丛外侧抽出，粗壮，中空，伞形花序，常有花3～6朵；总苞片2枚，佛焰苞状。

雄蕊

花柱

⬆️花大型，漏斗状，子房下位，有花梗；花被片6（排列成内外两轮）或重瓣，有白色、粉色、橙红色、红色、绿色等各种颜色，基部合生成花被管，较短。

⬆️雄蕊6，着生于花被管喉部，短于花被裂片；花柱比雄蕊长，柱头3裂；蒴果球形。

文心兰
Oncidium flexuosum

科属：兰科文心兰属

别名：跳舞兰、舞女兰

花期：3～11月

五月

文心兰的花朵仿佛一群穿着明亮黄裙的精灵随风翩翩起舞，让人一见难忘。这些来自美洲热带的可人儿，最早在1793年被英国邱园植物园引种成功，如今在园艺上的应用已经非常普及。

　　文心兰属的属名*Oncidium*指唇瓣基部有瘤状突起，因此也有译作瘤唇兰属的。文心兰属是兰科植物中的大家族之一，原生种就有数百种，园艺杂交品种更加不在少数。有的美艳，有的奇特，有的芳香诱人，除了作为美丽的附生兰花种植在花园中，文心兰也是重要的鲜切花品种之一。

萼片　侧瓣
侧瓣
萼片
萼片

⬆附生草本，有扁圆状假鳞茎，叶片剑形，生于假鳞茎基部和顶端，两侧压扁。

⬆圆锥花序侧生，常可达数十朵，有花梗，花金黄色；萼片3，卵状披针形，有红棕色条纹和斑点。

⬆侧生花瓣与萼片相似；唇瓣宽大，3裂，侧裂片较短，中裂片2浅裂，边缘波状。

⬆唇瓣的侧裂片之间有红棕色斑纹和瘤状突起。

三色堇

Viola × wittrockiana

科属：董菜科董菜属

别名：园艺三色堇、角堇

花期：10月~翌年6月

五月

园艺三色堇是常用的地被草花之一，其颜色之多，犹如打翻了调色板，而且往往一朵花上集中着好几种颜色，本身则归属于董菜属，所以名为三色堇。不少品种有着酷似胡子的线状纹，也有人称为猫脸花。园艺上大致根据花的大小分为三色堇和角堇，前者花较大，后者花略小，其实都是杂交品种，区别并不大。

国内有不少董菜属的野生种，如：紫花地丁（*Viola philippica*）、早开董菜（*Viola prionantha*）、七星莲（*Viola diffusa*）等，常在早春开放。野生的董菜属植物可以采用闭锁方式传粉，达到自花受精的目的，这样的花被称为闭花，花瓣常完全退化。

叶

托叶

叶

托叶

附属物　　小苞片

萼片

⬆二年生草本，有地上茎，分枝；单叶互生，卵形或长圆形，顶部圆钝，边缘具稀疏的圆齿，叶柄较长；托叶大，叶状，羽状深裂。

⬆花单生于叶腋，花梗长，上部有2枚对生的小苞片；萼片5，绿色，基部延伸成明显的附属物。

⬆花瓣5或重瓣，两侧对称，侧方两枚花瓣里面基部密被须毛，下方（远轴）一瓣通常稍大。雄蕊5，内藏，花柱棍棒状。

⬆蒴果椭圆形，成熟时3瓣裂。

蝴蝶兰
Phalaenopsis hybrida

科属：兰科蝴蝶兰属

别名：蝶兰、台湾蝴蝶兰

花期：4～6月

五月

蝴蝶兰属于附生类兰科植物，也是种植最为广泛的洋兰种类之一，常被称为"洋兰皇后"。

18世纪中期，这种花朵状似蝴蝶的兰科植物在印尼被德国植物学家发现，而后得到园艺爱好者的青睐，作为稀有花卉辗转万里被请入温室中。

原生的蝴蝶兰属植物有60多种，而登记在册的栽培品种数量早已过万。兰科植物的播种通常难度较大，随着栽培和繁殖技术的进步，蝴蝶兰的价格逐渐平易近人。花期持久且花型端庄，每年的年宵花市场都不难看到这些多姿多彩的蝴蝶兰，盆栽、鲜切花如彩蝶般已经飞入寻常人家。

⬆ 附生草本，茎很短，常被叶鞘所包；叶片数枚，稍肉质，椭圆形、长圆形或镰刀状长圆形，长10～20厘米，宽3～6厘米，具短而宽的鞘。

⬆ 花序侧生于茎的基部，花序梗长，绿色，多少回折状，花数朵；萼片近等大，离生，长通常超过3厘米。

唇瓣3裂，基部具爪，侧裂片直立，具红色斑点或细条纹，在两侧裂片之间和和中裂片基部相交处具1枚黄色肉突；中裂片近菱形，先端渐狭，具2条卷须；蕊柱粗壮。⬇

花瓣近似萼片而较宽阔，基部收狭，白色、黄色、粉色、紫红色等。⬇

艳山姜
Alpinia zerumbet

科属：姜科山姜属

别名：月桃、玉桃

花期：4～6月

五月

　　艳山姜在我国分布于东南部至西南部各省区，较早的记载见于《植物名实图考》："玉桃，叶如芭蕉，抽长茎，开花成串，花苞如小绿桃。花开露瓣，如黄蝴蝶花稍大。"艳山姜为园艺上应用较多的姜科植物。例如艳山姜的栽培品种——花叶艳山姜，花果叶俱佳。串串花序悬垂而下，花苞时粉嫩，盛开时艳丽，果熟时朱红色，还兼有彩叶可赏，不过在北方地区通常需要在温室内种植。

　　姜科植物主要产于热带、亚热带地区，花序独特而美丽，较为多见的还有姜花、红球姜、益智、闭鞘姜、莪术等。

⬆ 多年生高大草本，叶互生，披针形，长30～60厘米，宽5～10厘米，顶端渐尖而有一旋卷的小尖头，叶柄长1～1.5厘米。

⬆ 圆锥花序呈总状花序式，下垂，花序轴紫红色，被绒毛，在每一分枝上有花1～2（3）朵；小苞片白色，顶端粉红色，蕾时包裹住花，无毛。

花冠裂片

花冠裂片

花柱

雄蕊

唇瓣

⬆ 花冠裂片长圆形，后方的1枚较大，乳白色，顶端粉红色。

⬆ 唇瓣匙状宽卵形，长4～6厘米，顶端皱波状，黄色而有紫红色纹彩；雄蕊长约2.5厘米。

毛地黄
Digitalis purpurea

科属：车前科毛地黄属

别名：洋地黄

花期：4～6月

五月

　　毛地黄原产于欧洲，叶子与地黄（*Rehmannia glutinosa*）颇为相似而得名，不过植株远比地黄高大，花序高耸、花朵密集且色彩明快，景观效果很是出色。毛地黄的英文名为foxglove，意为狐狸手套。传说中精灵把毛地黄的花朵送给狐狸，让狐狸将花朵套在脚上，这样就可以降低狐狸觅食时发出的脚步声。

　　毛地黄属有毒植物，植株中的某些成分经过提取，可以用于制作强心剂类药物，但不能直接食用毛地黄，近距离观赏则无影响。

⬆多年生草本，被毛，基生叶成莲座状，叶柄具狭翅，叶片卵形或长椭圆形，长5～15厘米，边缘具带短尖的圆齿，少有锯齿。

萼片

苞片

萼片

苞片

⬆总状花序生于茎顶，花多数，花梗长约1厘米，苞片卵状披针形，比花梗长；萼钟状，5裂至基部，裂片卵形，覆瓦状排列。

⬆花冠筒长约4厘米，膨大近囊状，基部收缩明显；花冠紫红色、粉色、白色，内面具斑点；花冠裂片多少二唇形，上唇宽短，微凹缺，下唇3裂，内面被长毛，侧裂片短，中裂片较长而外伸。

⬆雄蕊4枚，二强，通常均藏于花冠筒内，花药成对靠近；花柱细长，先端浅2裂。

蔓长春花
Vinca major

科属：夹竹桃科蔓长春属

别名：攀缠长春花

花期：3 ~ 5月

五月

　　蔓长春花原产于欧洲，比较常见的栽培品种还有花叶蔓长春，叶边缘有黄白色斑纹，常用作地被植物。蔓长春花常用分株或者扦插的方式来繁殖，栽培中虽然开花很频繁，却很难见到植株结实，原因也许在于没有适合的传粉者。

　　作为夹竹桃科的一员，蔓长春花在花朵的结构上也颇为独特，例如相当个性的五边形花喉，而花冠筒内隐藏着的雄蕊、雌蕊则可以用精巧来形容。在花冠筒的中部位置，如同迷宫的入口若隐若现，浅黄色的其实是相互砌搭起来的雄蕊，周围一圈毛里是否有通道，雌蕊到底什么模样，大概要亲自一探虚实方能知晓。

⬆蔓性半灌木，叶对生，全缘，椭圆形，长2～6厘米，叶缘有毛，叶柄长约1厘米。

⬆花单生于叶腋，花梗长，花萼5裂，裂片狭披针形。

⬅花冠筒漏斗状，裂片5，蓝色，直径约3厘米，喉部近似正五边形，雄蕊着生于花冠筒的中部之下。

路易斯安娜鸢尾

Iris × louisiana

科属：鸢尾科鸢尾属

花期：4～6月

五月

Iris是希腊神话里的彩虹女神，正如鸢尾属植物花朵的丰富色彩。鸢尾属原生植物有3百多种，很多长得风格近似。用于园艺观赏的种类相当多，例如：鸢尾（*Iris tectorum*）、黄菖蒲（*Iris pseudacorus*）、射干（*Iris domestica*）等，杂交品种方面更是数量可观，例如德国鸢尾品系、西伯利亚鸢尾品系、路易斯安娜鸢尾品系等。

鸢尾属植物的花柱比较特别，上部是3个扁平的分支，色彩则跟花被片接近，还刚好把雄蕊挡住。不过，花被片上特别的斑纹会给传粉者指明道路。

⬆ 多年生草本，叶条形，顶端渐尖；花葶从叶丛中抽出，高度约1米，花4～6朵；花单生，排成蝎尾状，苞片绿色，抱茎。

⬆ 花大，白色、黄色、紫红色、蓝色、紫色等；内、外花被片颜色相似，外花被片较宽大，中脉上有隆起的黄色鸡冠状附属物，子房六棱形。

⬆ 花柱分支扁平，顶端2浅裂，颜色与花被片相近。

Ju
June

六月

石榴

Punica granatum

科属：千屈菜科石榴属

别名：安石榴、丹若

花期：4 ~ 6月

六月

榴花如火，仿佛是夏天即将登场的前奏。数月之后，甜美的果实挂满枝头，晶莹剔透的石榴籽还常被用来形容牙齿。集美观与实用于一身的石榴，广受欢迎实在是顺理成章。

题张十一旅舍三咏榴花
[唐]韩愈
五月榴花照眼明，
枝间时见子初成。
可怜此地无车马，
颠倒苍苔落绛英。

石榴
[唐]李商隐
榴枝婀娜榴实繁，
榴膜轻明榴子鲜。
可羡瑶池碧桃树，
碧桃红颊一千年。

石榴树
[唐]白居易

可怜颜色好阴凉，叶剪红笺花扑霜。
伞盖低垂金翡翠，薰笼乱搭绣衣裳。
春芽细爇千灯焰，夏蕊浓焚百和香。
见说上林无此树，只教桃柳占年芳。

庭榴
[明]杨升庵

移来西域种多奇，槛外绯花掩映时。
不为深秋能结果，肯于夏半烂生姿。
翻嫌桃李开何早，独秉灵根放故迟。
朵朵如霞明照眼，晚凉相对更相宜。

⬆落叶灌木或乔木，枝顶常成尖锐长刺，幼枝有棱；单叶，对生或簇生，纸质，矩圆状披针形，叶柄短。

⬆花顶生或近顶生，单生或几朵簇生或组成聚伞花序，几无花梗；萼革质，萼筒近钟形，长2～3厘米，通常红色或淡黄色，裂片5～9，略外展。

◄雄蕊生萼筒内壁上部，多数，花丝无毛。

◄浆果近球形，顶端有宿存花萼裂片，果皮厚。

⬆花大，花瓣红色、黄色或白色，多皱褶，单瓣至重瓣。

百子莲

Agapanthus africanus

科属：石蒜科百子莲属

别名：百子兰、非洲百合

花期：5～6月

六月

　　别致的花球，有着少见的蓝色花朵，百子莲在园艺中颇受欢迎，其中文名字大约是因为容易结实，且种子数量很多的缘故。百子莲属的属名*Agapanthus*，在希腊语中意为"爱情花"，于是随之引申为"浪漫的爱情"之类的花语。百子莲还常被称为African lily，因其原产于南非，而花型跟百合有相似之处。

百子莲属于宿根植物，但没有鳞茎或肥壮的块根，具有的是短缩的根状茎。根状茎属于地下茎的一种，埋藏在泥土里，常在一个平面上蔓延、分支。根状茎虽然长得有点像根，但不同之处在于有茎节，茎节上可以长芽生根，变成新的植株。

⬆多年生宿根草本，叶带形，二列基生，全缘。

总苞

⬆花葶自叶丛中抽出，伞形花序顶生，总苞佛焰苞状，多花，花梗长。

雄蕊　花柱

花柱

雄蕊

⬆花被片6，蓝色或白色，基部连合成漏斗形，直径约3～4厘米，花瓣中央有深蓝色的中肋；雄蕊6，花柱与雄蕊近等长，比花冠稍短。

⬆蒴果，三角状纺锤形。

栀子

Gardenia jasminoides

科属：茜草科栀子属

别名：水横枝、黄栀子、山栀子、水栀子、山黄栀、越桃

花期：4 ~ 8月

六月

　　栀子为我国原生种，常见香花之一，成熟果实可用于提取黄色素，重瓣品种常被称为白蟾。

题栀子花	栀花
[明]沈周	[宋]程珌
雪魄冰花凉气清，曲阑深处艳精神。	青琅削叶玉花细，独占炎皇第一天。
一钩新月风牵影，暗送娇香入画庭。	未羡冰桃垂夏后，且看金子粲秋前。

和令狐相公咏栀子花

[唐]刘禹锡

蜀国花已尽，越桃今已开。
色疑琼树倚，香似玉京来。
且赏同心处，那忧别叶催。
佳人如拟咏，何必待寒梅。

栀子花诗

[宋]王义山

当年曾记晋华林，望气红黄栀子深。
有敕诸官勤守护，花开如玉子如金。
此花端的名薝卜，千佛林中清史洁。
从知帝母佛同生，移向慈元供寿佛。

⬆灌木，嫩枝常被短毛，枝圆柱形；叶对生，革质，叶形多样，长度通常在4厘米以上，叶柄长0.2～1厘米，托叶膜质鞘状。

⬆花芳香，通常单朵生于枝顶，花梗长3～5毫米；萼管倒圆锥形或卵形，有纵棱，萼檐管形，膨大，顶部5～8裂，裂片披针形或线状披针形，果时宿存。

⬆花冠白色（凋谢时变黄色），高脚碟状，5至8裂，或重瓣；花丝极短，花药线形；花柱粗厚，柱头纺锤形，2裂。

⬆果黄色或橙红色，直径1.2～2厘米，有翅状纵棱5～9条，顶部的宿存萼片长。

亚洲百合
Lilium hybrids

科属：百合科百合属

花期：5～6月

六月

　　百合，因蕴含百年好合之意，从鳞茎到花朵，都深受国人欢迎。百合属物种数量过百，园艺品种更是数不胜数，单以"百合"笼统称之，很容易造成误解。

　　以食用百合为例，最为熟知的是兰州百合，也就是川百合（*Lilium davidii*），此外比较常见的食用种类是卷丹（*Lilium lancifolium*）和山丹（*Lilium pumilum*）。其他的百合属植物，虽然也有鳞茎，但多半味道苦涩而不堪食用。

　　用于鲜切花或者栽培观赏的百合则主要是各种杂交品种，涉及的亲本众多，例如：卷丹、麝香百合、川百合、天香百合（*Lilium auratum*）、美丽百合

（*Lilium speciosum*，鹿子百合）……国内常见的主要为麝香百合（也叫铁炮百合）杂交系、亚洲百合杂交系、东方百合（也叫香水百合）杂交系三大类。

⬆ 多年生草本，有鳞茎，茎圆柱形；叶散生，多数，披针形或矩圆状披针形，先端渐尖，全缘，两面无毛。

⬆ 花大，通常数朵排成总状花序，白色、黄色、橙色、红色、紫红色等，大多无香。

⬆ 花被片6，离生，内外2轮，基部有鸡冠状突起。

⬆ 雄蕊6，子房圆柱形，花柱细长，柱头3裂。

蜀葵
Alcea rosea

科属：锦葵科蜀葵属

别名：一丈红、棋盘花

花期：2～8月

六月

　　蜀葵产自我国西南地区，想来跟蜀地多有因缘。不过对于名字的由来，古人的看法也不尽一致，有说"戎蜀盖其所自也，因以名之"，也有说"戎、蜀皆大之名，非自戎、蜀来也"。

蜀葵	蜀葵
[唐]陆师道	[唐]陈标
向日层层折，深红间浅红。	眼前无奈蜀葵何，浅紫深红数百棵。
无心驻车马，开落任熏风。	能共杜丹争几许，得人嫌处只缘多。

六月

宜阳所居白蜀葵答咏东诸公
[唐]武元衡
冉冉众芳歇，亭亭虚室前。
敷荣时已背，幽赏地宜偏。
红艳世方重，素花徒可怜。
何当君子愿，知不竞喧妍。

蜀葵
[唐]徐寅
剑门南面树，移向会仙亭。
锦水饶花艳，岷山带叶青。
文君惭婉娈，神女让娉婷。
烂熳红兼紫，飘香入绣扃。

⬆二年生直立草本，高大，植株密被毛；单叶互生，叶掌状5～7浅裂或波状棱角，裂片三角形或圆形，叶柄长5～15厘米；托叶卵形，先端具3尖。

⬆花腋生，单生或近簇生，排列成总状花序式，花梗长约1厘米，被毛；花直径6～10厘米，红、紫、白、粉红、黄和黑紫等色，单瓣或重瓣。

小苞片　　萼片

小苞片

萼片　　小苞片

⬆小苞片杯状，常6～7裂，基部合生，萼钟状，直径2～3厘米，5裂，均密被星状粗硬毛。

花柱

雄蕊

⬆雄蕊多数，连合成雄蕊柱，无毛，长约2厘米，花丝纤细；花柱分枝多数。

六倍利

Lobelia erinus

科属：桔梗科半边莲属

别名：翠蝶花、南非山梗菜

花期：4～6月

六月

六倍利，源自属名 *Lobelia* 的音译，也常被译做山梗菜，因而同属很多物种的中文名都带有"山梗菜"字样。同属植物或直立，或铺地蔓延，花朵却都宛如只剩一半，所以得名半边莲。半边莲属植物的花柱跟菊科管状花的花柱功能类似，花开放时，花柱生长延伸，将花药管中散落的花粉推出，把同朵花中的花粉处理掉之后，柱头才成熟等待传粉。

同属植物中，国内较为常见的是半边莲（*Lobelia chinensis*）和铜锤玉带草（*Lobelia nummularia*），以野生为主，少见栽培。

⬆多年生柔弱草本，多少被毛，叶互生，卵形至披针形，叶缘浅裂，有叶柄。

花萼

花萼

⬆总状花序顶生，花梗细长，花萼5裂，裂片线形，全缘，萼筒卵状；花小，直径约1厘米，蓝色、紫色、红色、桃红色、白色等。

花药

⬆花冠两侧对称，背面纵裂至近基部，檐部二唇形，上唇裂片2，直立，明显小于下唇裂片，下唇裂片3，开展。

柱头

⬆雄蕊合生，包围花柱，花药管灰蓝色，柱头头状，后期伸出。

天竺葵

Pelargonium × hortorum

科属：牻牛儿苗科天竺葵属

花期：4 ~ 6月

六月

　　牻牛儿苗科的植物的蒴果很多具有喙，天竺葵也是其中之一。天竺葵属原生植物约有二百多种，植株具有特殊气味（一般称为香味，但因个人感觉而异），碰触时枝叶较为明显。

　　常见栽培观赏的天竺葵属植物主要是天竺葵、大花天竺葵（*Pelargonium domesticum*）、盾叶天竺葵（*Pelargonium peltatum*，蔓天竺葵）等的杂交品种，观花为主，部分为彩叶品种。此外，较为多见还有香叶天竺葵（*Pelargonium graveolens*），市场常称为驱蚊香草，一般作为香草植物栽培。

花萼

总苞

⬆多年生直立草本，高20～60厘米，茎肉质，密被柔毛；叶互生，圆形或肾形，基部心形，表面常有暗红色马蹄形环纹，边缘具浅钝齿，叶柄长3～10厘米。

⬆伞形花序腋生，多花，总花梗长于叶，总苞片数枚，宽卵形；孕蕾期花梗下垂，花期直立；萼片5，狭披针形。

⬆花瓣5或重瓣，下方3枚稍大，红色、橙色、粉色、白色等。

⬆雄蕊10，部分无药或花药发育不全；子房合生，花柱分枝5。

⬅蒴果具喙。

绣球

Hydrangea macrophylla

科属： 绣球科绣球属

别名： 八仙花、八仙绣球、紫绣球

花期： 5 ~ 8月

六月

　　绣球为我国原产物种，观赏部位实为花萼，真正的花则很不起眼。对于植物而言，显著的花萼能帮助吸引传粉者，不过常见栽培观赏的品种均以不育花为主，能否结种通常不在考虑范围之内。

　　土壤的酸碱度会影响绣球的颜色，但同时需要铝元素的配合。研究表明，绣球花的颜色由飞燕草色素（花青素的一种）控制。酸性土壤中有利于绣球吸收铝离子，铝离子与飞燕草色素结合，使得花的颜色逐渐趋向蓝色。在碱性土壤中，绣球很难获得铝离子，则花朵颜色常为红色。

↑灌木，枝圆柱形，粗壮；叶对生，纸质或近革质，倒卵形或阔椭圆形，长6～15厘米，宽4～11.5厘米，先端骤尖，边缘具粗齿，叶柄长1～3.5厘米。

↑伞房状聚伞花序，顶生，大型，直径可达20厘米；花密集，多数为不育花。

柱头　雄蕊　花萼　花瓣　花萼

→不育花萼片4，花瓣状，粉红色、淡蓝色或白色；花瓣4～5，分离；雄蕊8或10。

July
1

七月

球兰

Hoya carnosa

科属：夹竹桃科球兰属

别名：爬岩板、玉蝶梅

花期：4 ~ 8月

七月

　　许多粉色的小星星聚成玲珑可爱的花球，可以悬挂在棚架，也可以盘绕栏杆间，还可以散发香气，球兰着实是种美观的藤本植物，还有斑叶、卷叶品种可供选择。球兰还有个特性，一批花朵凋落后，总花梗依然保持着，只要条件合适，新一批的花蕾会在花梗顶端继续萌发。

　　球兰属植物花朵的构造精巧，在市场上有一众"亲友"可供挑选，心叶球兰（*Hoya cordata*）、蜂出巢（*Hoya multiflora*）、铁草鞋（*Hoya pottsii*）、粗蔓球兰（*Hoya pachyclada*）、贝拉球兰（*Hoya lanceolata* subsp. *bella*）等许多种类都不难见到，还有不少博人眼球的新奇杂交品种。

⬆攀援性附生灌木，茎被糙毛，茎节上生气根；叶对生，肉质，卵圆形至卵圆状长圆形，长3.5 ~ 12厘米，宽3 ~ 4.5厘米，叶柄粗壮。

花白色至粉红色，直径约2厘米，花萼5深裂，被毛。

⬆聚伞花序腋生，多花，花梗长。

花冠肉质，辐状，5裂约近中部，内面多乳头状突起，裂片顶端锐尖，开放时稍反折；副花冠星状，外角急尖，中脊隆起，边缘反折，内角急尖，直立。

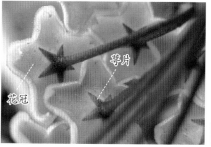

莲

Nelumbo nucifera

科属：莲科莲属

别名：荷花、莲花、芙蓉、芙蕖、菡萏

花期：6 ～ 8月

七月

　　赞美莲的文字太多，例如语文课本里学过的"出淤泥而不染，濯清涟而不妖"，多少都能朗朗上口。日常生活中也少不了莲的存在，例如莲子、莲藕。

卜算子·为人赋荷花
[宋]辛弃疾
红粉靓梳妆，翠盖低风雨。
占断人间六月凉，明月鸳鸯浦。
根底藕丝长，花里莲心苦。
只为风流有许愁，更衬佳人步。

晓出净慈寺送林子方
[宋]杨万里
毕竟西湖六月中，
风光不与四时同。
接天莲叶无穷碧，
映日荷花别样红。

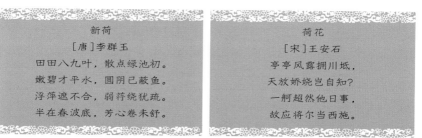

新荷

[唐]李群玉

田田八九叶，散点绿池初。
嫩碧才平水，圆阴已蔽鱼。
浮萍遮不合，弱荇绕犹疏。
半在春波底，芳心卷未舒。

荷花

[宋]王安石

亭亭风露拥川坻，
天放娇娆岂自知？
一舸超然他日事，
故应将尔当西施。

⬆ 水生草本，多年生，叶常高出水面，芽时内卷，圆形，全缘稍呈波状，叶脉从中央射出，有叉状分枝；叶柄盾状着生，圆柱形，长1～2米，外面散生小刺。

⬆ 花梗长，花大而美丽，单生在花梗顶端，萼片4～5，早落。

⬆ 花瓣多数，矩圆状椭圆形至倒卵形，红色、粉红色或白色，脉纹较明显。

 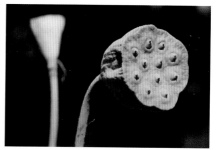

⬆ 雄蕊多数，花药条形，花丝细长，着生在花托之下，药隔先端伸出成一棒状附属物；花柱极短，柱头顶生。

⬆ 花托（俗称莲蓬）倒圆锥状，果期膨大，内有离生心皮多个（发育成莲子）。

桔梗

Platycodon grandiflorus

科属：桔梗科桔梗属

别名：铃铛花、僧冠帽

花期：6～9月

七月

　　桔梗是我国的原生植物，不少古籍中都有所记载。例如，《花镜》描述："春生苗叶，高尺余。边有齿似棣棠，相对而生。夏开花青紫色，有似牵牛"，而《植物名实图考》则写道："桔梗处处有之，三四叶攒生一处，花未开时如僧帽，开时有尖瓣，不钝，似牵牛花。"

　　国内对桔梗的栽培应用历来侧重于食用，桔梗的肉质根在朝鲜族聚居地区为常见蔬菜。其实未开的花苞很可爱，如同鼓囊囊的气球，颜色多为蓝紫色，也有变异成白色的，目前园艺品种有粉色花以及重瓣品种。

多年生草本，叶轮生至互生，卵形、卵状椭圆形至披针形，长2～7厘米，宽0.5～3.5厘米，边缘具细锯齿，叶柄极短或无。

花冠宽钟形，蓝色、白色或粉色，5裂或重瓣。

花单生，或数朵集成假总状、圆锥花序；花萼5裂，简部半圆球状。

雄蕊5，离生；蒴果球状，直径约1厘米。

柱头5裂，裂片条形。

厚萼凌霄
Campsis radicans

科属：紫葳科凌霄属

别名：美国凌霄

花期：5 ~ 9月

七月

　　凌霄属仅包含两种，凌霄（*Campsis grandiflora*）和厚萼凌霄，均为藤本，以气生根攀缘而无卷须。前者是国内原产，"披云似有凌霄志，向日宁无捧日心"，在古代典籍中描绘不少，而后者来自美洲，引入的历史相对较短，不过园艺上应用更为普遍，有多个园艺品种。

　　凌霄和厚萼凌霄的叶子都是奇数一回羽状复叶。植物的叶片常分为单叶和复叶两类，叶柄上只着生一个叶片的是单叶，着生多个叶片的则是复叶。复叶的叶柄称为总叶柄，着生的叶片称为小叶，小叶通常有柄，即小叶柄。要比较简单地区分单叶和复叶，主要是判断叶柄的位置，原则是叶柄基部有芽。

⬆ 木质藤本，叶对生，奇数一回羽状复叶，小叶9～11枚，有粗锯齿。

⬆ 短圆锥花序顶生，花通常紧凑；花萼钟状，近革质，5浅裂至萼筒的1/3处；花冠筒细长，漏斗状，橙红色至鲜红色，筒部长约为花萼的3倍。

⬆ 花冠檐部微呈二唇形，5裂，直径约4厘米；雄蕊4，弯曲，内藏；花柱丝状，柱头2唇形。

四季观花图鉴

龙船花

Ixora chinensis

科属：茜草科龙船花属

别名：卖子木、山丹、仙丹花

花期：5 ~ 11月

七月

　　龙船花原产于我国南部，栽培相当普遍，我国台湾地区则称之为仙丹花。《学圃余疏》中记载："初见闽人来卖一花，云是红绣球，倭国中来者，后至建宁，见缙绅家庭中，花簇红球，俨如翦彩，名曰山丹，乃闽卉也。"龙船花的花序看起来跟绣球差不多，其实植株差异很大。

山丹	山丹
[宋]陈傅良	[宋]郑域
轩窗一日粲三英，尽室无尘眼倍明。 闽粤固尝矜绝美，风骚犹未及知名。	团栾绛蕊发枝间，铅鼎成丹七返还。 乞与幽人伴幽蛰，不妨相对两朱颜。

托叶

山丹

[宋]刘克庄

偶然避雨过民舍，一本山丹恰盛开。
种久树身樛似盖，浇频花面大如杯。
怪疑朱草非时出，惊问红云甚处来。
可惜书生无事力，千金移入画栏栽。

⬆ 灌木，高可达2米；叶对生，长6～13厘米，宽3～4厘米，叶柄极短或无；托叶长5～7毫米，基部阔，合生成鞘，顶端长渐尖。

⬆ 花序顶生，多花，总花梗短，与分枝均呈红色，基部常有小型叶2枚承托；萼管长1.5～2毫米，萼檐4裂，裂片极短。

花柱

雄蕊

⬆ 花有花梗或无，花冠高脚碟状，冠管细长，顶部4裂，裂片倒卵形或近圆形，顶端钝或圆形，红色、红黄色、淡黄色。

⬆ 雄蕊4，花丝短；花柱稍伸出冠管外，柱头2，初时靠合，盛开时叉开。

波斯菊
Cosmos bipinnatus

科属：菊科秋英属

别名：秋英、大波斯菊

花期：4～11月

七月

 Cosmos 据说源于希腊语，在英语中意为宇宙，代表一个有序且和谐的系统。波斯菊常被国人称作格桑花，其实是个误解。"格桑花"一词，在藏区属于泛指，但凡好看的、美好的花朵都可以叫作格桑花。至于为什么叫波斯菊，

理由不甚明确，原产地是美洲，跟波斯所指地区的地理距离也比较遥远。不过倒是波斯菊这一名字在园艺中为大家所熟知，而秋英一名则较少使用。

波斯菊在国内常大片栽培以作花境景观，由于结实率高，种子繁殖能力强且耐贫瘠，在不少地方已经成为逸生植物。

⬆一年生草本，高1～2米；叶对生，二次羽状深裂，裂片线形或丝状线形，全缘。

总苞（内层）

总苞（外层）

⬆头状花序单生，花序梗长；总苞片两层，基部联合，外层披针形或线状披针形，近革质，淡绿色，具深紫色条纹，内层膜质，椭圆状卵形。

总苞（内层）　总苞（外层）

⬆舌状花紫红色、粉红色或白色，舌片椭圆状倒卵形，有3～5钝齿。

⬆管状花黄色，顶端5裂；花柱分枝2，细长，顶端膨大。

萱草

Hemerocallis fulva

科属：黄脂木科萱草属

别名：忘忧草

花期：6 ~ 10月

七月

　　萱草在我国古代有忘忧草、鹿葱等多个名字，与日常食用的干制品黄花菜（*Hemerocallis citrina*）并非一种，两者只是同属植物。

萱草

［唐］李咸用

芳草比君子，诗人情有由。

只应怜雅态，未必解忘忧。

积雨莎庭小，微风藓砌幽。

莫言开太晚，犹胜菊花秋。

对萱草

［唐］韦应物

何人树萱草，对此郡斋幽。

本是忘忧物，今夕重生忧。

丛疏露始滴，芳馀蝶尚留。

还思杜陵圃，离披风雨秋。

萱草

[宋]刘过

不尽人间万古愁，
却评萱草解忘忧。
开花若总关憔悴，
谁信浮生更白头。

萱草花

[宋]董嗣杲

娇含丹粉映池台，忧岂能忘俗谩猜。
曹植颂传天上去，嵇康种满舍前来。
鹿葱谁验宜男谶，凤首犹寻别种栽。
浩有苦怀偏忆母，从今不把北堂开。

花被管

苞片

🔄花葶从叶丛中央抽出，顶端具总状或假二歧状的圆锥花序，花梗短，苞片披针形；花大，近漏斗状，疏离，花下部具花被管，长2～4厘米。

🔺多年生草本，叶基生，二列，较宽，带状。

花柱

🔄雄蕊6，着生于花被管上端，花药背着；花柱细长，柱头小。

🔺花被裂片6或重瓣，橘黄色至橘红色，明显长于花被管，内层花被片常较宽大，且一般下部有倒V形深色斑。

须苞石竹

Dianthus barbatus

科属：石竹科石竹属

别名：美国石竹、十样锦、五彩石竹

花期：4 ～ 10月

七月

须苞石竹原产于欧洲，因苞片顶端细长如须而得名，在花序生长前期较为明显，花全开时容易被遮挡。花朵颜色多样，同一花序中随着花朵的先后开放亦常有颜色变化，十样锦的别名大概由此而来。须苞石竹植株比较高大，花朵密集且花期持久，布置花境或者作为鲜切花材料都相当不错。

同样作为鲜切花的康乃馨则是香石竹（*Dianthus caryophyllus*）的园艺品种，与须苞石竹同属，常用来表达对母亲的爱。康乃馨通常一个枝条顶端只长一朵花，单朵花的直径也比须苞石竹大很多。

⬆ 多年生草本，高30～60厘米，叶片披针形至卵形，顶端急尖，基部渐狭，合生成鞘，全缘，中脉明显。

⬆ 花序顶生，花多数，密集成头状，总苞叶状；花梗极短；苞片4，顶端长尾状尖，与花萼等长或稍长。

⬆ 花萼筒状，长约1.5厘米，5裂，裂齿锐尖。

➡ 花瓣5，卵形，顶端齿裂，近喉部具髯毛，深红色、紫红色、粉色至白色，同一花序中常有颜色变化。

⬅ 雄蕊10，稍露于外；花柱2，线形。

旱金莲
Tropaeolum majus

科属：旱金莲科旱金莲属

别名：旱莲花、荷叶七

花期：5～10月

七月

宛如团团荷叶生于旱地，花朵多为明亮的橙黄色系，所以得名"旱金莲"，也常被称为旱莲花。原产于南美洲，大约在清朝晚期传入中国。新鲜的叶、茎、花可以用作沙拉材料，有特别的辛辣味。

旱金莲的园艺品种较多，花色主要为黄、橙、红等色系，并有斑叶品种。

↑萼片5，其中一片延伸成长距（里面有花蜜哦）。

↑蔓性草本，叶互生，叶柄长，盾状着生于叶片近中心处；叶片圆形，主脉9条，放射状，叶缘波浪形。

↑花单朵生于叶腋，直径2.5～6厘米；花瓣5，有爪，上部2片常有深色条纹，下面3片有睫毛。

↑雄蕊8，2轮，长短不等；花柱1，3裂成线形。

紫萼

Hosta ventricosa

科属：天门冬科玉簪属

别名：山玉簪、紫萼玉簪

花期：6～9月

七月

玉簪属植物的叶子通常基生，叶脉纹理清晰，且为多年生宿根植物，较为耐阴，是花境布置中相当受欢迎的选择。由于观叶植物在欧美园艺界的流行，近几十年来彩叶玉簪品种的数量增加尤其明显，玉簪属栽培品种的数量也随之壮大，据统计已经超过4000种。

　　白边、金边、金叶、银心、金心等各种斑纹的变化加上不同叶型的组合，还有高挑的花序可赏，彩叶型的玉簪品种经常能成为花境中的焦点，这些美丽的观叶植物也逐渐出现在我们身边的公园里。

⬆叶基生，成簇，卵状心形、卵形至卵圆形，长8～19厘米，宽4～17厘米，先端近短尾状或骤尖，基部心形或近截形，侧脉弧形，明显，7～11对，叶柄长。

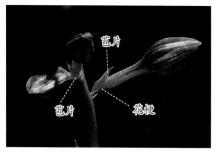

⬆花葶高60～100厘米，总状花序，花单生，具10～30朵花，花梗短；苞片矩圆状披针形，长1～2cm，膜质。

⬆花冠长4～6厘米，盛开时从花被管向上骤然作近漏斗状扩大，紫红色，无香味。

⬆雄蕊6，完全离生，伸出花被之外；花柱细长，柱头小，伸出于雄蕊之外。

August

八月

朱唇
Salvia coccinea

科属：唇形科鼠尾草属

别名：朱唇鼠尾草、红花鼠尾草、小红花

花期：4～11月

八月

　　朱唇原产于美洲，虽然跟一串红同属，颜色也是热烈的火红，花序却偏纤弱且疏散，花朵风格显得比较柔美，耐旱性能和开花性不错，近年来在国内应用越来越多。

　　唇形科植物很多为二强雄蕊，鼠尾草属植物则很不一样，2对雄蕊中有1对显著退化，另1对雄蕊的药隔显著伸长，形成具活动关节的杠杆状结构，这种结构是对昆虫传粉或蜂鸟传粉行为的巧妙适应。就本属植物而言，分布于亚洲和欧洲的是蜂媒传粉类型，而鸟媒传粉的物种大多数分布在美洲。

下唇2齿裂

花萼 苞片

⬆直立草本，茎四棱，具浅槽，分枝细弱，被毛；叶片卵圆形或三角状卵圆形，基部心形或近截形，边缘具锯齿或钝锯齿，叶柄长0.5～2厘米。

⬆轮伞花序4至多花，疏离，组成顶生总状花序；苞片卵圆形，比花梗长；花萼二唇形，萼筒钟状，下唇与上唇近等长。

花柱

雄蕊

花柱

雄蕊

⬆花冠红色、浅红色、白色，长约2厘米，冠筒向上渐宽；冠檐二唇形，上唇比下唇短，下唇3裂，中裂片最大，倒心形。

⬆能育雄蕊2，伸出花冠外；花柱伸出，先端稍增大，2裂。

向日葵

Helianthus annuus

科属：菊科向日葵属

别名：丈菊、葵花

花期：7 ~ 9月

八月

　　向日葵之于我们，最熟悉的大概是瓜子，以及"朵朵葵花向太阳"之类的字句。其实，向日葵的花朵并不总是追随着太阳的，花朵追随太阳的方向通常只在盛开前。因为植物中的生长素厌光，所以背对阳光一侧的茎生长更快，使得花序被推向向光的一侧。

葵花	葵花吟
[宋]吴子良	[宋]金朋说
花生初咫尺，意思已寻丈。	绛萼累累承晓露，含英蕴质并朱云。
一日复一日，看看众花上。	庙廊忠梗谁堪比，能展丹心向日倾。

赋园中葵花
[宋]苏辙

葵花开已阑，结子压枝重。
长条困风雨，倒卧枕丘垄。
忆初始放花，炎炎旌节耸。
得时能几时，狼籍成荒冗。
浮根不任雪，采剥收遗种。
未忍焚枯茎，积叠墙角拥。

黄葵花
[宋]韩维

池上朝来玉露零，檀心先向日边倾。
侧金巧样新成盏，蒸栗温姿始号琼。
芍药未应推艳品，牡丹须合避姚名。
秋花碎琐谁能数，醉眼逢君亦自明。

⬆一年生高大草本，茎直立，被白色粗硬毛，有时上部分枝。叶互生，心状卵圆形或卵圆形，顶端急尖或渐尖，基出脉3，边缘有粗锯齿，两面被短糙毛，有长柄。

⬆头状花序极大，径约10～30厘米，单生于茎端或枝端，常下倾；总苞片多层，绿色、叶质，覆瓦状排列，顶端尾状渐尖，被毛。

⬆舌状花多数，黄色（栽培品种有红棕色至近黑色），舌片开展，长圆状卵形或长圆形，不结实。

⬆管状花极多数，黄色至棕色，5裂。

⬆瘦果倒卵形或卵状长圆形，稍扁压。

140

韭莲

Zephyranthes minuta

科属：石蒜科葱莲属

别名：玉帘、风雨兰、韭兰

花期：5～9月

八月

时常在夏季大雨来临前冒出许多花蕾，然后大面积盛开，因而*Zephyranthes*属植物常被称为风雨兰，英文名为Rain lily。*Zephyranthes*属植物的原产地条件比较艰苦，需要努力把握降雨的机会去开花，以便繁殖后代。夏季的台风、暴雨来临前，气压、气温的变化能刺激鳞茎内的激素，使得花芽迅速产生。*Zephyranthes* 属植物的这种特性也可以应用在园艺栽培上，通过人为的控制水分供给，达到批量开花的目的。

芭片

花葶

⤴ 多年生草本，鳞茎卵球形，直径2～3厘米；叶基生，线形，扁平，宽6～8毫米。

⤴ 花葶从叶间抽出，花单生于花葶顶端；总苞佛焰苞状，常带淡紫红色，下部合生成管，顶端2裂。

子房　花梗
花被管　　　芭片
芭片
花葶

⤴ 花冠粉红色，漏斗状，下部合生，花被管长1～2.5厘米；子房下位，花梗长2～3厘米。

⤴ 花被裂片6，近等大；雄蕊6，着生于花被管喉部；花柱细长，柱头3裂。

紫薇
Lagerstroemia indica

科属：千屈菜科紫薇属

别名：痒痒树、百日红、无皮树

花期：6～9月

八月

轻挠树干，紫薇如同怕痒的人一般，轻微的震动就很容易传递到分枝，于是满树枝条微颤，因而得名"痒痒树"。紫薇花期长，寿命可达百年以上。

咏紫薇花
[宋]杨万里
似痴如醉弱还佳，
露压风欺分外斜。
谁道花红无百日，
紫薇长放半年花。

紫薇花
[唐]杜牧
晓迎秋露一枝新，
不占园中最上春。
桃李无言又何在，
向风偏笑艳阳人。

八月

紫薇
[明]薛蕙
紫薇开最久，烂漫十旬期。
夏日逾秋序，新花续故枝。
楚云轻掩冉，蜀锦碎参差。
卧对山窗外，犹堪比凤池。

紫薇花
[唐]白居易
紫薇花对紫微翁，名目虽同貌不同。
独占芳菲当夏景，不将颜色托春风。
浔阳官舍双高树，兴善僧庭一大丛。
何似苏州安置处，花堂栏下月明中。

◀ 落叶灌木或小乔木，树皮平滑，灰色或灰褐色。

⬆ 新生枝条常显红色，小枝纤细，具4棱，略成翅状；叶纸质，互生或有时对生，长2.5～7厘米，宽1.5～4厘米，全缘，无柄或叶柄很短。

雄蕊　花萼　花柱　花萼　花柱　花瓣的爪

⬆ 顶生圆锥花序，花梗长3～15毫米，花萼外面平滑无棱，裂片6，三角形。

花萼　花瓣的爪　花萼　雄蕊　雄蕊

⬆ 花直径3～4厘米，淡红色或紫色、白色；花瓣6，皱缩，具长爪；雄蕊36～42，外面6枚着生于花萼上，比其余的长得多。

⬆ 蒴果椭圆状球形或阔椭圆形，长1～1.3厘米，成熟时或干燥时呈紫黑色。

大花紫薇
Lagerstroemia speciosa

科属：千屈菜科紫薇属

别名：大叶紫薇、百日红

花期：5 ~ 8月

八月

与紫薇不同，大花紫薇来自异国他乡，原产地在斯里兰卡、印度、马来西亚、越南及菲律宾等地。如果说紫薇是婉约派的，那大花紫薇大概可以算豪放派的，株型高大，树冠宽广，叶子硕大，连花朵也要多几分粗犷，花期时满树紫花，蔚为壮观。

除用于观赏外，近年来还有研究大花紫薇的提取物用于制备药物，可以降低血糖，有助于治疗糖尿病。

⬆乔木，树皮灰色，小枝圆柱形；叶革质，对生或近对生，矩圆状椭圆形或卵状椭圆形，长10～25厘米，宽6～12厘米，侧脉9～17对。

⬆顶生圆锥花序，花梗长1～1.5厘米，花轴、花梗及花萼外面均被黄褐色密毡毛；花萼有棱12条，6裂，裂片三角形。

⬆花淡红色或紫色，直径约5厘米；花瓣6，近圆形至矩圆状倒卵形，长2.5～3.5厘米，几不皱缩，有短爪；雄蕊多数，达100～200；花柱长2～3厘米。

⬆蒴果球形至倒卵状矩圆形，直径约2厘米，褐灰色，6裂。

石蒜

Lycoris radiata

科属：石蒜科石蒜属

别名：龙爪花、蟑螂花

花期：8～9月

八月

石蒜有先开花后长叶的习性，即所谓"叶、花不相见"。古人就有描述："于平地抽出一茎如箭杆，长尺许。茎端开花四、五朵，六出红色，如山丹花状而瓣长，黄蕊长须。"

不少有休眠期的球根都有类似习性，石蒜属内也有若干种类如此。大概花色殷红的石蒜成片盛开时容易给人留下强烈甚至是刺激性的印象，从而被今人牵强附会，引申到奇怪的方向，然而佛教典籍中并没有关于彼岸花的记载。佛经中提及的"曼殊沙华"是佛陀讲经时，天人从天上散下的花。真正的"曼殊沙华"到底是现实中的哪种植物，只能说无从考证。

石蒜中含有石蒜碱、多花水仙碱等多种生物碱，食用会造成中毒。

总苞片

子房

总苞片

⬆多年生草本，有鳞茎，直径1～3厘米；秋季出叶，狭带状，宽约0.5厘米，中间有粉绿色带。

⬆开花时无叶，花梗高，总苞片2，披针形；伞形花序顶生，4～7朵。

花柱　雄蕊

⬆花被6裂，鲜红色，基部合生成筒状，裂片狭倒披针形，强度皱缩和反卷。

⬆雄蕊6，着生于喉部，显著伸出花被外，比花被长1倍左右；雌蕊1，花柱细长，柱头极小，子房下位。

红鸡蛋花
Plumeria rubra

科属：夹竹桃科鸡蛋花属

别名：缅栀子、鸡蛋花

花期：5 ~ 10月

八月

　　红鸡蛋花的白花品种——鸡蛋花，花朵的配色神似剖开的鸡蛋。红鸡蛋花的各种栽培品种在亚洲的热带、亚热带地区种植很普遍，花朵从深深浅浅的红色到白色，缤纷多姿。在东南亚地区，鸡蛋花是佛教的"五树六花"之一，常被称为"庙树"或"塔树"。

　　鸡蛋花属植物原产于美洲热带地区，叶子的叶脉不抵达叶缘，而在边缘以纵脉相连接，即闭锁叶脉，属于夹竹桃科的一个特色。

八月

花冠筒

花萼

花梗

⬆落叶小乔木，枝条粗而带肉质，无毛；单叶互生，叶厚纸质，大型，长圆状倒披针形或长椭圆形，顶端短渐尖，叶脉闭锁，在背面凸起，叶柄长4～7厘米。

⬆聚伞花序顶生，总花梗三歧，花梗长约2厘米；花萼裂片小，阔卵形，顶端圆，不张开而压紧花冠筒。

花冠筒喉部

花药

⬆花直径约5厘米，常有香味；花冠筒圆筒形，内面密被柔毛；花冠5裂，裂片顶端圆，基部向左覆盖，深红色、粉色至白色，下部黄色。

⬆雄蕊着生在花冠筒基部，花丝短，花药内藏。

木槿
Hibiscus syriacus

科属：锦葵科木槿属

别名：朝开暮落花

花期：6 ～ 10月

八月

"其为花也，色甚鲜丽，迎晨而荣，日中则衰，至夕而零"，所以木槿有朝开暮落花的别名。木槿原产于我国中部省区，南北方各省区常有栽培。

槿花	槿花	红槿花
［元］王冕	［唐］崔道融	［唐］戎昱
不与百花期，多从桂子时。	槿花不见夕，	花是深红叶麴尘，
低昂如有序，红白自相宜。	一日一回新。	不将桃李共争春。
农为编篱识，蜂因课蜜知。	东风吹桃李，	今日惊秋自怜客，
想渠根本盛，未畏雪霜欺。	须到明年春。	折来持赠少年人。

花萼

小苞片

⬆落叶灌木，叶互生，菱形至三角状卵形，宽2～4厘米，常具深浅不同的3裂，基部楔形，边缘具不整齐齿缺，叶柄长5～25毫米。

⬆花单生于枝端叶腋间，花梗长4～14毫米，小苞片6～8，线形，花萼钟形，裂片5，三角形。

蒴果

柱头

雄蕊

种子

⬆花钟形，单瓣至重瓣，白色、粉红色、淡紫色，直径5～6厘米。

⬆雄蕊柱长约3厘米，花柱5裂。

⬆蒴果卵圆形，直径约12毫米，密被黄色星状绒毛；种子肾形，背部被黄白色长柔毛。

September

九月

鸡冠花
Celosia argentea

科属：苋科青葙属

别名：青葙

花期：7 ~ 10月

九月

鸡冠花是青葙的园艺品种，不过不是所有的鸡冠花品种都长得像鸡冠，花序羽毛状的品种也很常见。

鸡冠花
[宋]尤山

秋雨初晴后，鸡冠早放花。

飞鸣欲何向，艳冶自堪夸。

僻地裁红锦，遥天随彩霞。

金门多绛帻，分与野人家。

咏鸡冠花
[宋]赵企

秋光及物眼犹迷，着叶婆娑拟碧鸡。

精彩十分佯欲动，五更只欠一声啼。

题画鸡冠花
[元]姚文奂

何处一声天下白，霜华晚拂绛云冠。

五陵斗罢归来后，独立秋亭血未干。

鸡冠花
[唐]罗邺

一枝秾艳对秋光，露滴风摇倚砌傍。

晓景乍看何处似，谢家新染紫罗裳。

⬆一年生草本，茎直立，分枝，有明显条纹；叶互生，卵形、卵状披针形或披针形，近全缘，有叶柄。

◀花多数，密生，在茎端或枝端成穗状花序，扁平肉质鸡冠状、卷冠状或羽毛状，一个大花序下面有数个较小的分枝。

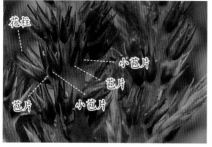

花柱　小苞片　苞片　苞片　小苞片

⬆每花有1苞片和2小苞片，披针形，着色，干膜质，宿存。

花柱　雄蕊　花被片　雄蕊　花柱　花被片

◀花被片5，白色、黄色、橙色、红色、紫色等，干膜质，光亮无毛，直立开展，宿存；雄蕊5，花丝上部离生，基部连合成杯状；花柱1，宿存，柱头头状。

◀胞果卵形，包裹在宿存花被片内。

齿叶睡莲
Nymphaea lotus

科属：睡莲科睡莲属

别名：埃及白睡莲

花期：6 ~ 10月

九月

　　睡莲属的一些植物，在白昼时开花，接近夜晚时合拢，仿佛跟人类一样需要在夜晚休息，所以得名"睡莲"。不过并非所有的睡莲都如此，例如齿叶睡莲常在傍晚开放，次日午后闭合，如此重复大约四五天。

　　齿叶睡莲的种加词"lotus"，在英文里可以是荷花，也可以是睡莲。曾经，睡莲和荷花在同一个科，但其实它们的差距很大，莲就是荷花，但睡莲并不是莲，所以现在已经分别存在于两个科里。

萼片

⬆多年水生草本,叶纸质,卵状圆形,直径15～26厘米,基部具深弯缺,边缘有弯缺三角状锐齿,叶柄长。

⬆花梗长,花大,单生顶端,萼片4,矩圆形。

花丝基部扩大

花药

花丝基部扩大

⬆花瓣12～14,白色、红色或粉红色,先端圆钝,有纵条纹。

⬆雄蕊多数,外轮花瓣状,内轮不孕,花丝扩大,花药内向。

克鲁兹王莲

Victoria cruziana

科属：睡莲科王莲属

别名：王莲

花期：8 ~ 10月

九月

　　王莲，叶片之硕大，确实可以称得上是水域中的王者，成熟的叶片可以托得住一个孩童的重量。不过王莲也需要防范来自水中的觅食者，因而叶子的背面、叶柄、花梗之类布满了尖锐的刺。

　　一朵王莲的花大约能开三天，颜色也随之变化。第1天傍晚时分，花朵开放，用香气和食物吸引甲虫，然后悄悄合拢，将甲虫困在花里。第2天花朵重新打开时，被释放的甲虫带着满身花粉离去，大概又会被另一朵新开的王莲引诱过去。第3天，花瓣合拢不再打开，重新潜回水中的世界。

⬆多年生水生草本，多刺，根状茎沉水；叶大型，直径1.5～2.0米，叶缘直立，上翘3～5厘米，背面叶脉显著，叶柄长，盾状着生。

⬆花单生于花梗顶端，子房下位；萼片4，红褐色，卵状三角形，顶端钝圆，光滑无刺。

⬆花两性，大型，直径约30厘米，花瓣多轮，50～60枚，常在傍晚时分开放。

⬆花瓣第一天为白色，而后逐渐变红，花谢后沉入水中。

柳叶马鞭草

Verbena bonariensis

科属：马鞭草科马鞭草属

别名：南美马鞭草、长茎马鞭草

花期：5～11月

九月

　　在风中摇曳生姿的柳叶马鞭草，盛花时蓝紫一片宛如云霞，常常被宣传为"薰衣草"，其实并不是。高大得足以将人淹没的柳叶马鞭草营造出的风景同样美丽，实在无须借"薰衣草"之名。

　　马鞭草属植物大多产于美洲，属名*Verbena*意为"神圣之枝"，西方历史上有用马鞭草属植物入药的习俗，国内原产的只有马鞭草（*Verbena officinalis*）一种。

⬆多年生直立草本，被毛，茎四棱；叶对生，近无柄，叶缘有牙齿。

⬆穗状花序顶生，常排成伞房状，花后延伸；花萼膜质，管状，有5棱，延伸出成5齿。

苞片

⬆花生于狭窄的苞片腋内，淡紫色。

⬆花冠管微弯，外面被毛，向上扩展成开展的5裂片，裂片长圆形，顶端微凹。

美丽月见草
Oenothera speciosa

科属：柳叶菜科月见草属

花期：6～9月

九月

月见草属植物来自美洲，时常在傍晚开放，次日日出时花瓣已经凋零，只能月下看花，谓之"月见草"。不过幸好并非月见草属的所有植物都是如此，虽然同样花期短暂，但不用掌灯看花也是幸事。

月见草属植物的花管很特别，也就是子房顶端到花喉之间的管状部分，是由花萼、花冠还有花丝的一部分合生形成的，也是够复杂的呢。

⬆多年生直立草本，茎细弱；叶互生，长圆状披针形，叶缘浅裂成齿状，基部有时深裂，叶柄短。

萼片

⬆花单生于茎、枝顶部叶腋，排成总状花序，萼片稍带红色，开花时反折再向上翻。

萼片

花管

子房

⬆花瓣4，粉红色，常有较深色脉纹，基部黄绿色；雄蕊8，近等长；柱头高出花药，4深裂，裂片线形。

⬅花管浅绿色，子房花期狭椭圆状，有棱。

凤仙花
Impatiens balsamina

科属：凤仙花科凤仙花属

别名：指甲花、急性子、凤仙透骨草

花期：5～10月

九月

　　凤仙花在国内种植历史悠久，历代还曾有过《凤仙谱》之类的专著。园艺上栽培广泛的凤仙花却是异域来客，反而国内数百种凤仙花属原生种难觅芳踪，多在山野之中悄然花开花落。

金凤花

[宋]杨万里

细看金凤小花丛，费尽司花染作工。

雪色白边袍色紫，更饶深浅四般红。

凤仙花

[唐]吴仁璧

香红嫩绿正开时，冷蝶饥蜂两不知。

此际最宜何处看，朝阳初上碧梧枝。

一年生直立草本，茎肉质，粗壮，下部节常膨大；叶互生，叶片披针形或狭椭圆形，先端渐尖，基部楔形，边缘有锐锯齿；叶柄两侧具数对具柄的腺体。

花单生或2～3朵簇生于叶腋，无总花梗，花梗长2～2.5厘米，密被柔毛，苞片线形，位于花梗基部；侧生萼片2，长2～3毫米。

花冠白色、粉红色、红色或紫色，单瓣或重瓣；唇瓣深舟状，被柔毛，基部急尖成长1～2.5厘米内弯的距；旗瓣圆形，兜状，顶端具小尖，翼瓣具短柄，2裂。

雄蕊5，子房纺锤形，密被柔毛。

蒴果宽纺锤形，两端尖，密被柔毛。

大花马齿苋

Portulaca grandiflora

科属：马齿苋科马齿苋属

别名：松叶牡丹、龙须牡丹、太阳花、午时花

花期：4 ~ 11月

九月

　　喜欢在正午的烈日下盛开，故而俗称太阳花、午时花。重瓣品种的花瓣层层叠叠，颇为雍容，所以常被称为松叶牡丹或龙须牡丹，而"松叶"二字则刻

画的是叶子的细长。耐旱且生命力顽强，繁殖容易，于是得了"死不了"的称呼。不过由于原产于热带，耐寒性稍差，但作为地被植物仍然是优点多多，不高的植株也很适合盆栽观赏。

⬆ 一年生草本，茎平卧或斜升，多分枝；叶不规则互生，细圆柱形，宽2～3毫米；叶柄极短或近无柄，叶腋常生一撮白色长柔毛。

⬆ 花数朵簇生枝端，总苞8～9，叶状，轮生，具白色长柔毛；萼片2，淡黄绿色，卵状三角形。

⬆ 花瓣5或重瓣，直径2.5～4厘米、紫红色、黄色、橙色、红色、白色等。

⬆ 雄蕊多数，花柱与雄蕊近等长，柱头常为8～9裂，线形。

环翅马齿苋

Portulaca umbraticola

科属：马齿苋科马齿苋属

别名：马齿牡丹、阔叶马齿苋、阔叶半
枝莲、太阳花

花期：5～11月

九月

这是个被混淆了很久的家伙，虽然叶子长得很不一样，却一直被当成大花马齿苋（*Portulaca grandiflora*），两者也有若干相同的别名，例如太阳花、死不了。园艺上常见的区分是把本种称为马齿牡丹，因为叶子跟马齿苋（*Portulaca oleracea*）很相似，于是也有当成马齿苋的变种看待的。经过专业人士考证之后，终于跟大花马齿苋分家，不过同在马齿苋属里。

环翅马齿苋的原生种花朵很小且单瓣，现在普遍栽培的都是园艺品种，花大且花色多变，还有重瓣及彩叶品种。

⬆一年生草本，茎平卧或斜升，多分枝，叶不规则
互生，倒卵形，全缘，顶端钝，叶柄极短或近无柄。

⬆花数朵簇生枝端，
总苞叶状，轮生；萼
片2，淡黄绿色。

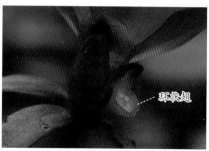

⬆花瓣5或重瓣，直径约3厘米，红
色、黄色、橙色、粉色、白色等；雄
蕊多数，花柱长于雄蕊，柱头5裂，
线形。

⬆果期基部有环状翅。

茑萝

Ipomoea quamoclit

科属：旋花科番薯属

别名：茑萝松、羽叶茑萝、锦屏封、五角星花

花期：6 ~ 10月

九月

　　来自热带美洲，纤细的青蔓翠叶间朵朵红星闪耀，其实"五角星花"这个俗名颇为贴切。

　　茑萝属于旋花科番薯属，同属植物的花朵大多跟牵牛花（即俗称的喇叭花）类似。常见的如：用于观赏的牵牛（*Ipomoea nil*）、圆叶牵牛（*Ipomoea purpurea*）、厚藤（*Ipomoea pes-caprae*）、月光花（*Ipomoea alba*）等多种，用于食用的蕹菜（*Ipomoea aquatica*，空心菜），至于番薯（*Ipomoea batatas*）则是观赏、食用两相宜，有金叶、三色等彩叶品种。

⬆一年生缠绕草本，柔弱；叶互生，羽状深裂至中脉，裂片线形，10～18对，有叶柄。

⬆花序腋生，聚伞花序，花1至数朵，总花梗长1.5～10厘米。

⬆花直立，花冠高脚碟状，深红色或白色，花冠管上部稍膨大，冠檐开展，直径约2厘米，5浅裂；萼片5，绿色，稍不等长。

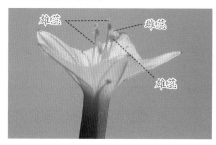

⬆雄蕊5，花丝不等长，与花柱伸出花冠外。

⬆花梗较花萼长，在果时增厚成棒状；蒴果卵形，长7～8毫米。

百日菊
Zinnia elegans

科属：菊科百日菊属

别名：百日草、鱼尾菊、节节高、步步
　　　登高、火毡花

花期：6 ~ 12月

九月

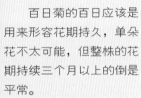

　　百日菊的百日应该是
用来形容花期持久，单朵
花不太可能，但整株的花
期持续三个月以上的倒是
平常。

菊科的头状花序都长得比较紧凑，毕竟面积有限。花梗之上着生花的部分称为花托，花托上的花朵之间的缝隙里经常还长点附加结构，例如托片，类似其他花序里的苞片。百日菊的花序里有托片，托片上也添了点附加结构——附片。在管状花占据的地盘里，管状花没露头之前，那些华丽丽的结构都是附片，还自带流苏边呢。

⬆ 一年生直立草本，被糙毛或长硬毛；叶宽卵圆形或长圆状椭圆形，长5～10厘米，宽2.5～5厘米，基部稍心形抱茎，基出三脉。

⬆ 头状花序单生枝顶，直径5～7厘米，花序梗有棱；总苞宽钟状，总苞片多层，宽卵形或卵状椭圆形，边缘常黑色。

舌状花

附片

⬆ 托片上端有延伸的附片，附片流苏状三角形；舌状花深红色、玫瑰色、紫堇色、黄色、粉色或白色，舌片倒卵圆形，先端2～3齿裂或全缘。

⬆ 管状花黄色或橙色，先端裂片卵状披针形，上面被黄褐色密茸毛。

万寿菊
Tagetes erecta

九月

科属：菊科万寿菊属

别名：臭芙蓉、孔雀草

花期：全年

　　原产于美洲，能散发特殊气味的植物之一，感受因人而异。这类气味强烈的植物常被用于驱蚊之类的用途，但效果有限。

　　以前曾因为花序大小、舌状花色斑、花序梗等方面的区别分为万寿菊和孔雀草两个物种，现在已经合并成同一种。除用于观赏外，也有作为经济作物大面积栽培的，通常用于提取黄色素（叶黄素），有相应的色素万寿菊品种。

总苞

总花梗

⬆一年生草本，茎有纵细条棱；叶对生，羽状分裂，边缘具锐锯齿，上部叶裂片的齿端有长细芒。

⬆头状花序单生枝顶，直径3～8厘米，花序梗顶端棍棒状膨大；总苞1层，杯状，上端具锐齿。

⬆舌状花黄色、橙色。

⬆管状花黄色（重瓣品种常缺失），顶端5齿裂。

四季观花图鉴

醉蝶花
Cleome spinosa

科属：白花菜科鸟足菜属

别名：西洋白花菜、紫龙须

花期：6 ~ 12月

九月

　　原产于热带美洲，可用作蜜源植物。"醉蝶"二字，不知是否属实，但植株散发出来的特殊气味，应该会令不少人印象深刻。花朵的雌蕊柄和雄蕊的花丝之细长，倒有几分符合紫龙须这一别名，Spider（蜘蛛）flower这一英文名的缘由大概也是近似的原因。一些花朵会出现部分或全部雄蕊的花丝很短的情况，也许由于花序开花接近尾声的缘故。

⬆一年生草本，株高常超1米，全株被黏质腺毛，有特殊臭味；叶互生，掌状复叶，有柄，小叶5～7。

⬆总状花序顶生，苞片单一，叶状，花后显著；萼片4，花梗长2～3厘米。

⬆花瓣4，偏向一侧，白色、粉色、紫红色等，有爪；雄蕊6，花丝长3.5～4厘米。

⬆雌蕊柄长4厘米，果时略有增长；蒴果，圆柱形。

十月

夏堇
Torenia fournieri

科属：母草科蝴蝶草属

别名：蓝猪耳

花期：6 ~ 11月

　　夏堇在《中国植物志》上的名字是兰猪耳，大概因为花冠裂片的形状和颜色之故。夏堇属于蝴蝶草属，蝴蝶草这个名称可能也跟花冠裂片有关，双双对对的倒是有点像蝴蝶扑扇的翅膀。

　　园林栽培植物经常可见不育的情况，影响因素多种多样，例如没有合适的传粉者，或者近亲不能繁殖而附近的都是同一株的复制版（园艺上无性繁殖很普遍，例如枝条扦插），也有花粉、花柱正常加以人工辅助依然无效的，较常见的因素就是花粉败育。

🌿直立草本，全株多少被毛，茎具4窄棱，分枝；叶对生，长卵形或卵形，先端略尖或短渐尖，基部楔形，边缘具带短尖的粗锯齿，叶柄长1～2厘米。

花萼的翅

花冠筒

⬆花生于枝条上部，总状花序；花冠远比萼长，花冠筒淡青紫色至白色，基部黄色。

翅

苞片

⬆花梗长1～2厘米，苞片条形，花萼具5翅，有缘毛。

⬆花冠上部裂成二唇形，紫红色、蓝紫色至紫黑色，上唇直立，下唇开展，裂片3，彼此近于相等，中间有一黄色斑块。

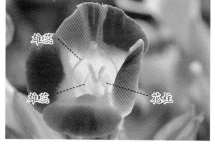

雄蕊

雄蕊

花柱

⬆雄蕊4，均发育，前方2枚着生喉部，花药成对靠合；花柱先端二片状。

夹竹桃

Nerium oleander

科属：夹竹桃科夹竹桃属

别名：欧洲夹竹桃、柳叶桃树、枸那、
红花夹竹桃

花期：全年

十月

花朵桃红而叶形似竹，夹竹桃虽然有毒却难免虫害。以前夹竹桃属分成若干种，现在都已合并为一种，颜色不同或单瓣重瓣之差别都是品种差异。中文正名应该叫欧洲夹竹桃，不过既然仅此一种，叫夹竹桃也无妨。

夹竹桃花
［宋］曹勋
绛彩娇春，苍筠静锁，掩映天姿凝露。
花腮藏翠，高节穿花遮护。
重重蕊叶相怜，似青帔艳妆神仙侣。
正武陵溪暗，淇园晓色，宜望中烟雨。
向暖景、谁见斜枝处。
喜上苑韶华渐布。又似瑞霞低拥，却恐随风飞去。
要留最妍丽，须且闲凭佳句。
更秀容、分付徐熙，素屏画图取。

夹竹桃

[宋]汤清伯

芳姿劲节本来同，绿荫红妆一样浓。我若化龙君作浪，信知何处不相逢。

常绿直立大灌木，枝条灰绿色，叶3～4枚轮生，下枝为对生，叶窄披针形，顶端急尖，基部楔形，宽2～2.5厘米。

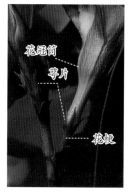

聚伞花序顶生，着花数朵；总花梗长约3厘米，花梗长7～10毫米；花萼5深裂，披针形。

花冠筒
萼片
花梗

花微香，花冠深红色、粉红色（栽培品种有白色或淡黄色），单瓣或重瓣，直径约4厘米；单瓣花花冠漏斗状，5裂，裂片右旋，花冠喉部具副花冠，裂成5片，每片顶端撕裂，并伸出花冠喉部之外；重瓣花花冠常分裂至基部。

副花冠
药隔
花药
雄蕊

花冠筒圆筒形，花冠筒内面被长柔毛；雄蕊着生在花冠筒中部以上，花药内藏，顶端渐尖，药隔延长呈丝状，被柔毛。

蓇葖2，离生，平行或并连，长圆形，两端较窄，绿色，无毛，具细纵条纹。

细叶美女樱
Glandularia tenera

科属：马鞭草科美女樱属

别名：细裂美女樱

花期：4～10月

十月

　　美女樱属常见栽培的包括美女樱（*Glandularia* × *hybrida*）和细叶美女樱
两种，前者园艺品种较多，颜色丰富，而细叶美女樱分枝性好，能较快地覆盖
地面，是很好的地被植物。两者花序初开状态近似马缨丹，较易混淆，但花萼
较马缨丹显著，花序后期通常伸长，花冠裂片的数量和形状都区别明显，茎叶
等也各有不同。

🌼 多年生宿根草本，被毛，叶对生，条状羽裂。

🌼 顶生穗状花序，呈伞房状，花白色、粉色、红色、紫色等；花冠管稍弯，向上扩展成开展的5裂片，裂片长圆形，顶端2裂。

花萼 苞片 苞片

🌼 花萼管状，有5棱，延伸出成5齿；花生于狭窄的苞片腋内，雄蕊4，着生于花冠管的中部，常内藏。

花后穗轴延长，因而花疏离。🌼

蝴蝶石斛
Dendrobium bigibbum

科属：兰科石斛属

别名：蝶花石斛、秋石斛

花期：10月～翌年3月

虽是石斛，花形却和蝴蝶兰颇为神似，故而被称为蝴蝶石斛或蝶花石斛，不过肥壮的肉质茎以及花朵上的距都悄悄出卖了它的真实身份。

因为花期多在秋季而常被称为秋石斛，与春石斛一起，是占据市场份额前列的两大石斛杂交品系。虽然同属植物的原生种类很多，但因为滥采乱挖，国内的原生物种大多已经陷入野外濒危的境地，例如：铁皮石斛（*Dendrobium officinale*）、金钗石斛（*Dendrobium nobile*）、细茎石斛（*Dendrobium moniliforme*）、玫瑰石斛（*Dendrobium crepidatum*）、鼓槌石斛（*Dendrobium chrysotoxum*）……

萼片

萼片　距　萼片

⬆ 附生草本，茎肉质状，圆柱形；叶近革质，互生，扁平，基部下延为抱茎的鞘；总状花序从茎顶部或近顶处叶腋抽出，花序梗长，多花。

⬆ 萼片3，近相似，侧萼片基部合生形成萼囊，有短距。

花瓣　萼片　花瓣

萼片　萼片

唇瓣

⬆ 花朵直径通常超过5厘米，白色、粉色、绿色、紫红色等；花瓣比萼片宽，唇瓣直立，3裂，侧裂片围抱蕊柱。

唇瓣中裂片沿脉有5～7条鸡冠状凸起，蕊柱粗短。

花瓣

蕊柱

鸡冠状突起

萼片

距

木芙蓉
Hibiscus mutabilis

科属：锦葵科木槿属

别名：芙蓉花、酒醉芙蓉、拒霜花

花期：8 ~ 10月

十月

　　一日娇颜三变之芙蓉，指的就是木芙蓉，初开时常为白色，而逐渐染上浅粉，花将谢时变成深粉色。

和陈述古拒霜花
[宋]苏轼
千林扫作一番黄，只有芙蓉独自芳。
唤作拒霜知未称，细思却是最宜霜。

窗前木芙蓉
[宋]范成大
辛苦孤花破小寒，花心应似客心酸。
更凭青女留连得，未作愁红怨绿看。

咏蜀都城上芙蓉花
[唐]张立
四十里城花发时，锦囊高下照坤维。
虽妆蜀国三秋色，难入豳风七月诗。

木芙蓉
[宋]吕本中
小池南畔木芙蓉，雨后霜前着意红。
犹胜无言旧桃李，一生开落任东风。

落叶灌木或小乔木，小枝、叶柄、花梗和花萼均密被毛；叶宽卵形至圆卵形或心形，常5～7裂，裂片三角形，先端渐尖，具钝圆锯齿，主脉7～11条，两面被毛；叶柄长5～20厘米。

花单生于枝端叶腋间，花梗长约5～8厘米，近端具节；小苞片8，线形，密被星状绵毛，基部合生；花萼钟形，裂片5，卵形，渐尖。

花直径约8厘米，花瓣近圆形，单瓣或重瓣，初开时白色或淡红色，而后颜色逐渐变深。

雄蕊多数，合生成雄蕊柱，长2.5～3厘米；花柱分枝5。

蒴果扁球形，直径约2.5厘米，被淡黄色刚毛和绵毛。

香彩雀

Angelonia angustifolia

科属：车前科香彩雀属

别名：天使花

花期：5 ～ 11月

十月

　　属名*Angelonia*跟英文angel近似，天使花的别名大概由此而来。原产于南美，较为耐热耐湿，花量大且能持续开花数月，还能适应湿地环境的栽培，近些年在国内应用相当普遍。

　　香彩雀的花朵虽小，却有颇多精细的结构，花冠筒浅阔，方便来访者探寻，看起来还周到地配备了防滑措施，以免意外失足的可能。

⇧多年生草本，多分枝，全株被腺毛；单叶对生，条状披针形，先端渐尖，叶缘有疏锯齿。

⇧花单生于上部叶腋，花梗长约1cm，花冠蓝紫色、桃红色、粉色至白色。

⇧花冠檐部辐状，上唇宽大，2深裂，下唇3深裂，中裂片曲折；雄蕊4枚，花丝短。

⇧花冠筒短，喉部有1对囊。

⇦花粉散落之后，花柱才伸出。

沙漠玫瑰
Adenium obesum

科属：夹竹桃科天宝花属

别名：天宝花

花期：4～11月

十月

　　desert-rose，荒漠中的玫瑰，倒也未必是沙漠，不过"沙漠玫瑰"的名字已经为人熟知。由种子生长而成的沙漠玫瑰，植株的茎下部会膨大，常被爱好者作为块茎植物栽培欣赏。沙漠玫瑰的茎有储水功能，是对原产地环境干旱气候的一种适应。

　　沙漠玫瑰的花跟夹竹桃的花非常类似，两者同属于夹竹桃科，也都是有毒植物（前者在非洲东部用作箭毒），不食用或不接触乳汁即可相安无事。

❀ 多年生肉质灌木或小乔木，单叶互生，革质，倒卵形，有光泽，全缘。

顶生总状花序，花梗短，花萼5裂至基部；花冠下部圆筒状，与花萼近等长，上部扩大呈钟形。

❀ 花冠漏斗状，檐部5裂，裂片宽大，玫红、粉红、白色及复色等；花冠裂片之间有类似副冠结构的突起；雄蕊、雌蕊都隐藏在花冠筒内，雄蕊的药隔延长部分稍微伸出花冠。

❀ 蓇葖果细长角状。

千日红

Gomphrena globosa

科属：苋科千日红属

别名：百日红、火球花、圆仔花

花期：6 ～ 10月

十月

"本高二三尺，茎淡紫色，枝叶婆娑，夏开深紫花色，千瓣细碎，圆整如毬，生于枝梢。至冬叶虽萎，而花不蔫。妇女采簪于鬓，最能耐久。略用淡矾水浸过，晒干藏于盆内，来年犹然鲜丽。子生瓣内，最细而黑。"这些文字的描述颇符合千日红的特征，不过千日红这一名字用的应该是夸张的修饰手法，虽说是极好的干花材料，但要保持颜色三年，也是有点艰巨。圆仔花是台湾地区比较常用的名称，朴实地描绘出了花朵圆滚滚的萌态。

总苞

⚘一年生直立草本，分枝，枝略成四棱形，有灰色糙毛，节部稍膨大；叶对生，纸质，长椭圆形或矩圆状倒卵形，两面有白色长柔毛及缘毛，叶柄长1～1.5厘米。

⚘头状花序顶生，球形或矩圆形，直径2～2.5厘米，常紫红色，有时淡紫色或白色；总苞2，对生，叶状，两面有长柔毛。

花

小苞片

小苞片

花药　花丝管

小苞片

花药

⚘雄蕊花丝连合成管状，顶端5浅裂，花药生在裂片的内面，微伸出。

⚘花多数，密生；小苞片2（观赏部位），紫红色、粉色、红色，内面凹陷，顶端渐尖，背棱有细锯齿缘；花被片5（通常被遮挡），外面密生白色绵毛。

一串红
Salvia splendens

科属：唇形科鼠尾草属

别名：象牙红、西洋红、墙下红

花期：3 ~ 10月

十月

　　跟国人偏好红色有关，但凡节日、喜庆等，第一时间想起的就是铺天盖地的红色，于是引入后栽培数量占优势的还是红色花的品种，所以得名"一串红"。其实园艺品种众多，除了深浅不同的红色，还有紫色、橙色、白色的多种，甚至有同一花序中颜色差异比较明显的品种（例如花萼白色、花冠红色）。

　　同属植物有些作为香草使用，可提取芳香油，例如原产于欧洲的撒尔维亚（*Salvia officinalis*，药用鼠尾草）在西方国家是种植很普遍的芳香植物之一。

苞片

苞片

亚灌木状草本，茎钝四棱形，具浅槽；单叶对生，卵圆形或三角状卵圆形，先端渐尖，边缘具锯齿，叶柄长。

轮伞花序2～6花，组成顶生总状花序，被毛；苞片卵圆形，在花开前包裹着花蕾，先端尾状渐尖。

花萼
下唇

花萼二唇形，下唇深2裂，被毛。

花冠红色、紫色、白色等，长约4厘米，密被柔毛，冠筒筒状，直伸，冠檐二唇形，上唇长圆形，下唇比上唇短，3裂，侧裂片常反折。

花柱
雄蕊

能育雄蕊2，近外伸，花柱2裂，稍伸出花冠外。

黄帝菊

Melampodium paludosum

科属：菊科黑足菊属

别名：皇帝菊、美兰菊、黄星菊

花期：4 ~ 11月

十月

　　引进国内初期用的名字为美兰菊，跟属名*Melampodium*的音译近似。同属植物有俗称blackfoot daisy（黑脚雏菊）的，大概是中文属名的由来。

　　黄帝菊花序小型，从舌状花到管状花都是明亮的黄色，植株多分枝，成片栽培的景观效果很是醒目。加之优点众多，耐热、耐旱，病虫害少，花期超长，管理简单，应用日渐广泛。

🌸一年生直立草本，株高20～50厘米，茎四棱，多分枝，被毛；叶对生，阔披针形至长卵形，先端渐尖，叶缘有疏齿，有叶柄，近抱茎。

总苞

🌸头状花序单生于上部叶腋，直径约2.5厘米，花梗长1.5～5厘米；总苞绿色，浅杯状，裂片5，宽卵形，覆瓦状排列，下部合生，5棱，被毛。

管状花

舌状花

🌸舌状花黄色，顶端3浅裂，雌性，可育；管状花两性，颜色稍深，上部5裂，不育。

十一月

翠芦莉
Ruellia simplex

科属：爵床科芦莉草属

别名：蓝花草

花期：4 ~ 11月

十一月

　　翠芦莉蓝色的花朵天天开放，也容易凋落，能结出很多果实。翠芦莉的蒴果成熟开裂后，种子落到适合的地方，就有机会长成新的植株，继续开花、结果，再一次将种子送上未知的旅程。

　　植物有各种不同的方式来帮助种子去到更远的地方开疆拓土，例如椰子的果实可以在海上漂流，蒲公英种子的小伞可以乘风旅行，野地里各种会粘上衣物的种子是在利用钩刺等搭个便车，还有的随着果实被动物吃下再随着粪便排出，所以广寄生之类植物有机会在大树上发芽生长。

🌱宿根草本，茎部略呈方形；叶对生，线状披针形，近全缘。

🌱疏松聚伞花序腋生，有时组成巨大的顶生圆锥花序，总花梗细长；花萼5裂至基部，果期宿存。

雌蕊

雄蕊

🌱花冠漏斗状，花萼以上部位扩大，顶端5等裂，蓝紫色、粉色、白色，喉部常有深色的色斑；发育雄蕊4。

🌱蒴果圆柱形。

大丽花
Dahlia pinnata

科属：菊科大丽花属

别名：大理菊、大丽菊、天竺牡
　　　丹、苕菊、洋芍药

花期：6 ~ 12月

十一月

　　"大丽"或"大理"，应该都源自属名Dahlia的音译，毕竟原产地是美洲，跟国内的地名无甚关系。大丽花的地下部分可以长出肥硕的块根，外观跟番薯相近，以至于被称为苕菊。大丽花品种数千，花大而华丽，别名中就出现了"牡丹"、"芍药"之类的词语。花朵直径在6 ~ 12厘米间的大丽花品种较为多见，而大型品种的花朵直径常超过20厘米，相应的植株高度也多在1米以上。

总苞（内层）

总苞（外层）

⬆多年生直立草本，有块根，多分枝；叶对生，1～3回羽状全裂，上部叶有时不分裂。

⬆头状花序大，有长花序梗，常下垂；总苞半球形，总苞片2层，外层叶质，内层膜质。

托片

⬆托片宽大，膜质；管状花黄色（栽培种或无），上端5齿裂。

⬆舌状花卵形，全缘或顶端有不明显的3齿，白色、黄色、红色、紫色。

兰花美人蕉
Canna orchiodes

科属：美人蕉科美人蕉属

别名：黄花美人蕉

花期：4～11月

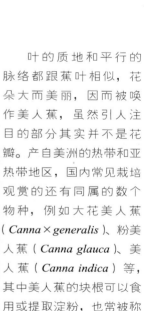

十一月

　　叶的质地和平行的脉络都跟蕉叶相似，花朵大而美丽，因而被唤作美人蕉，虽然引人注目的部分其实并不是花瓣。产自美洲的热带和亚热带地区，国内常见栽培观赏的还有同属的数个物种，例如大花美人蕉（*Canna × generalis*）、粉美人蕉（*Canna glauca*）、美人蕉（*Canna indica*）等，其中美人蕉的块根可以食用或提取淀粉，也常被称为蕉芋。

多年生直立草本，有块状的地下茎；叶互生，椭圆形至椭圆状披针形，长30～40厘米，宽8～16厘米，有明显的羽状平行脉，基部下延成鞘。

顶生总状花序，花密集，有苞片；萼片3，绿色，宿存。

花大，直径10～15厘米；花瓣3，萼状，披针形，绿色或紫色，开花后一日内即反卷下向。

退化雄蕊花瓣状，外轮3枚较大，长达10厘米，宽达5厘米，鲜黄至深红，具红色条纹或溅点，内轮的1枚（也称唇瓣）较狭。

发育雄蕊较退化雄蕊小，花药室着生于中部边缘；花柱狭带形。

大花秋海棠

Begonia × benariensis

科属：秋海棠科秋海棠属

别名：四季秋海棠

花期：全年

十一月

　　秋海棠并不是秋天开的海棠花，指的是秋海棠属的植物，能在秋天开得繁盛，原生品种不少是粉色花朵，跟海棠花略有相同点。

　　"栽植恩深雨露同，一丛浅淡一丛浓。平生不借春光力，几度开来斗晚风？"秋瑾这首诗写的就是秋海棠。秋海棠属植物通常都是肉质草本，目前常见栽培的多数是园艺品种，观花为主，也有相当多的观叶品种，例如：银星秋海棠、铁十字秋海棠、虎斑秋海棠、蟆叶秋海棠、银翠秋海棠等。

托叶

⬆多年生肉质草本，株高15～40厘米；单叶互生，有叶柄，托叶椭圆形。

⬆叶片轮廓卵形，基部偏斜，叶缘具齿，齿尖带芒。

苞片

苞片

⬆花单性，雌雄同株，红色、粉色或白色，数朵组成聚伞花序，有苞片，雄花常先开放。

⬇雄花花被片4，外轮显著大于内轮，雄蕊多数；雌花花被片5，子房下位，具不等大3翅。

雌花

雄花

雄花

⬅花柱膨大，柱头3，U形，螺旋状扭曲。

菊花
Dendranthema morifolium

科属：菊科菊属

别名：秋菊、鞠、夏菊、寒菊

花期：全年

十一月

　　菊花的欣赏和应用在我国历史悠久，经历长期的杂交选育，栽培品种非常丰富。以花期而言，菊花品种大致分为春菊、夏菊、秋菊、寒菊四大类，也就是说，要赏菊，一年四季都可以。

菊花

[唐]李商隐

暗暗淡淡紫，融融冶冶黄。
陶令篱边色，罗含宅里香。
几时禁重露，实是怯残阳。
愿泛金鹦鹉，升君白玉堂。

赋得秋菊有佳色

[唐]公乘亿

陶令篱边菊，秋来色转佳。
翠攒千片叶，金剪一枝花。
蕊逐蜂须乱，英随蝶翅斜。
带香飘绿绮，和酒上乌纱。
散漫摇霜彩，娇妍漏日华。
芳菲彭泽见，更称在谁家。

重阳席上赋白菊

[唐]白居易

满园花菊郁金黄，中有孤丛色似霜。
还似今朝歌酒席，白头翁入少年场。

菊花

[唐]元稹

秋丛绕舍似陶家，遍绕篱边日渐斜。
不是花中偏爱菊，此花开尽更无花。

⤴ 多年生草本，茎直立，分枝或不分枝，被柔毛；叶互生，卵形至披针形，羽状浅裂或半裂，有短柄，叶下面被白色短柔毛。

⤴ 头状花序单生茎顶，或在茎枝顶端排成伞房或复伞房花序；总苞浅碟状，总苞片多层，绿色，外层外面被柔毛，边缘膜质。

⤴ 小型的花序直径2～3厘米，大型的可达到20cm。

⤴ 舌状花雌性，一层至多层，颜色多样，瓣型、长度差异很大。

⬅ 花序中央为两性管状花，黄色，顶端5齿裂；花柱分枝线形，顶端截形。

马缨丹
Lantana camara

科属：马鞭草科马缨丹属

别名：五色梅、臭草

花期：全年

十二月

　　最早进入国内的马缨丹，花朵的颜色随开放时间从黄色最终变成紫红色，一个花序上时常集中了多种颜色，整个植株上的花朵五彩缤纷，所以被称为五色梅。因为结种多，生性强健，现在已经在很多地区变成入侵植物。

　　现在园林应用较多的是园艺品种，茎上的倒钩状刺很少，同一品种上的花朵颜色以单色为主，或者上有相近色系的变化（例如黄色到橙红色），结实率低。

灌木，茎枝均呈四方形，有短柔毛，通常有短而倒钩状刺；单叶对生，叶片卵形至卵状长圆形，边缘有钝齿，两面有毛，叶柄长约1厘米。

花序梗粗壮，长于叶柄；苞片披针形，长为花萼的1～3倍，外部有粗毛。

苞片

花冠管

花萼

花冠管长约1厘米，两面有细短毛。

花冠4裂，不等大，黄色、橙黄色、红色、白色等，有的开放过程中会变色。

果圆球形，直径约4毫米，成熟时紫黑色。

鹤望兰
Strelitzia reginae

科属： 鹤望兰科鹤望兰属

别名： 极乐鸟

花期： 10月～翌年4月

十二月

　　鹤望兰属的拉丁名 ***Strelitzia***，是为了纪念英国乔治三世的妻子夏洛特。原产自非洲南部，花朵颜色艳丽，令人想起极乐鸟美丽的尾羽。开花时的姿态颇似我国传统中的祥瑞之物仙鹤，所以被国人命名为鹤望兰。

　　鹤望兰科植物种类并不多，但花型奇异、叶序独特，经常应用在园艺上，例如大鹤望兰和旅人蕉，两者的叶序大型且能展现浓烈的异域风情。

佛焰苞

多年生草本，无茎；叶片长圆状披针形，宽约10厘米，叶柄细长。

总花梗长，顶端有佛焰苞1枚，舟状，长达20厘米，绿色，边缘紫红色，有花数朵；萼片3，上2下1，披针形，长7.5～10厘米，橙黄色。

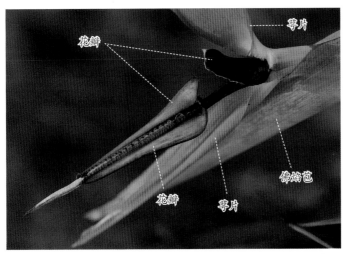

萼片

花瓣

花瓣

萼片

佛焰苞

花瓣3，中央的1枚小，舟状，侧生的2枚靠合成箭头状，箭头状花瓣基部具耳状裂片，和萼片近等长，暗蓝色。

三角梅
Bougainvillea × buttiana

科属：紫茉莉科叶子花属

别名：宝巾、簕杜鹃、九重葛、叶子花

花期：几乎全年

十一月

　　宝巾一名，近似于属名*Bougainvillea*的音译，苞片艳丽醒目，形状、脉络都近似叶子，所以被称为叶子花。苞片、花朵都三个一组，开花时位置、造型都呈三角形，三角梅这一名字认知广泛。枝上有刺（粤语中"簕"即是刺），栽培最多的就是各种红色、紫红色的品种，满树满街灿烂时的景象如同杜鹃花开时节的盛况，故而被唤作簕杜鹃。

目前栽培普遍的都是园艺杂交品种，常按苞片颜色及变化、苞片单或多层、叶片斑纹等细分。

⚐藤状灌木，叶互生，全缘，卵形或椭圆状披针形，有叶柄，刺腋生。

⚐花序腋生或顶生，苞片叶状，白色、橙色、粉色、红色、紫色等。

⚐花3朵簇生（重瓣品种常退化），每个苞片上生一朵花，花梗与苞片中脉贴生；花被管狭筒形，绿色或与苞片颜色近似，有棱，密被柔毛。

⚐花被管顶端5裂，裂片开展；雄蕊6～8，通常不伸出花被管。

细叶萼距花

Cuphea hyssopifolia

科属：千屈菜科萼距花属

别名：小叶萼距花、细叶雪茄花、
紫花满天星

花期：全年

十二月

　　低矮的小灌木，斜出平展的侧枝很具个性，紫色小花星星点点，类似的花朵小巧且数量繁多的植物常被冠以"满天星"之类的俗称。细叶萼距花经常被误为萼距花（*Cuphea hookeriana*），后者在国内较难见到，且花有较大区别。

　　萼距花属都是外来植物，属名*Cuphea*也常被译为雪茄花属，同属植物有些花萼更大而显著，形似雪茄。

矮小灌木，被毛，分枝多，常向两侧斜展；叶小，对生，狭长圆形，全缘。

花单生于叶腋，花梗短；花萼细小，筒状，外面有棱，内面被长柔毛，上部扩大，裂片三角形。

花小，直径约8毫米，花瓣6，紫红色，近等大，左右对称，着生于萼筒上部。

萼筒内有长柔毛，雄蕊内藏。

植物拉丁学名索引